手把手教你看懂施工图丛书

20小时内教你看懂建筑通风空调施工图

马　楠　主编

中国建筑工业出版社

图书在版编目（CIP）数据

20小时内教你看懂建筑通风空调施工图/马楠主编.
北京：中国建筑工业出版社，2015.1
手把手教你看懂施工图丛书
ISBN 978-7-112-17614-4

Ⅰ.①2… Ⅱ.①马… Ⅲ.①房屋建筑设备-通风设备-工程施工-建筑制图-识别②房屋建筑设备-空气调节设备-工程施工-建筑制图-识别 Ⅳ.①TU83

中国版本图书馆CIP数据核字（2014）第295350号

全书共分18小时进行介绍，内容包括：通风原理图识读、高层办公楼中央空调原理图识读、通风系统平面图识读、住宅中央空调平面图识读、通风系统剖面图识读、大厦空调机房剖面图识读、空调工程集中送风系统轴测图识读、空调工程冷冻机房轴测图识读、通风工程详图识读、空调工程详图识读、制冷机房设备布置图识读、制冷机房管路平面布置图识读、建筑直燃机房平面布置图识读、直燃机房设备基础图识读、锅炉房平面布置图识读、燃气系统图识读、室外管道平面图识读、室内管道平面图识读。

本书内容详实，语言简洁，重点突出，简明扼要，内容新颖，涵盖面广，力求做到图文并茂，表述正确，具有较强的指导性和可读性，是建筑工程施工技术人员的必备辅导书籍，也可作为相关专业的培训教材。

责任编辑：范业庶 王砾瑶
责任设计：董建平
责任校对：张 颖 姜小莲

手把手教你看懂施工图丛书
20小时内教你看懂建筑通风空调施工图
马 楠 主编
*
中国建筑工业出版社出版、发行（北京西郊百万庄）
各地新华书店、建筑书店经销
霸州市顺浩图文科技发展有限公司制版
北京君升印刷有限公司印刷
*
开本：787×960毫米 1/16 印张：7½ 字数：140千字
2015年2月第一版 2015年2月第一次印刷
定价：**23.00**元
ISBN 978-7-112-17614-4
（26822）

丛书编委会

前　言

近年来，我国国民经济的蓬勃发展，带动了建筑行业的快速发展，许多大楼拔地而起，随之而来的是对建筑设计、施工、预算、管理人员的大量需求。

建筑工程施工图是建筑工程施工的依据，建筑工程施工图识读是建筑工程施工的基础。本套丛书的编写，一是有利于培养读者的空间想象能力，二是有利于提高读者正确绘制和阅读建筑工程图的能力。因此，理论性和实践性都较强。

本套丛书在编写过程中，既融入了编者多年的工作经验，又采用了许多近年完成的有代表性的工程施工图实例。本套丛书为便于读者结合实际，并系统掌握相关知识，在附录中还附有相关的制图标准和制图图例，供读者阅读使用。

本套丛书共分 6 册：

1.《20 小时内教你看懂建筑施工图》

2.《20 小时内教你看懂建筑结构施工图》

3.《20 小时内教你看懂建筑给水排水及采暖施工图》

4.《20 小时内教你看懂建筑通风空调施工图》

5.《20 小时内教你看懂建筑电气施工图》

6.《20 小时内教你看懂建筑装饰装修施工图》

丛书特点：

随着建筑工程的规模日益扩大，对于刚参加工程建筑施工的人员，由于对房屋的基本构造不熟悉，不能看懂建筑施工的图纸。为此，迫切希望能够看懂建筑施工的图纸，学会这门技术，为实施工程施工创造良好的条件。

新版的《房屋建筑制图统一标准》、《总图制图标准》、《建筑制图标准》、《建筑结构制图标准》、《给水排水制图标准》、《暖通空调制图标准》于 2011 年正式实施，针对新版的制图标准，我们编写了这套丛书，通过对范例的精讲和对基础知识介绍，能让读者更加熟悉新的制图标准，方便地识读图纸。

本书编写不设章、节，按照第××小时进行编写与书名相呼应，让读者感觉施工图识读不是一件困难的事情，本书的施工图实例解读详细准确，中间穿插介绍一些识读的基本知识，方便读者学习。

本书三大特色：

(1) 内容精。典型实例逐一讲解。

（2）理解易。理论基础穿插介绍。

（3）实例全。各种实例面面俱到。

在此感谢杜海龙、廖圣涛、徐阳、马楠、张克、李鹏、韩磊、葛美玲、刘雷雷、刘新艳、李庆磊、孟文璐、李志杰、赵亚军、苗峰等人在本书编写过程中所做的资料整理和排版工作。

由于编者水平有限，书中的缺点在所难免，希望同行和读者给予指正。

编　者

目　　录

第1小时

通风原理图识读

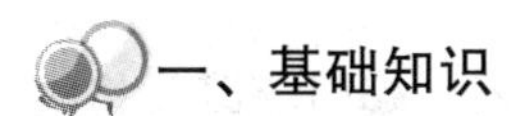

一、基础知识

1. 通风工程

通风工程的主要内容，见表1-1。

通风工程的主要内容　　表1-1

项　　目	内　　容
含义	通风工程是指室内外空气交换，将室内污浊空气或有害物质从室内排出，将室外新鲜空气或经过处理的空气送入室内
工业通风	在很多工业生产的过程中会产生粉尘、有害气体等，危害工人的身体健康，必须加以排除。排除的方法，一般是利用吸气罩把含有粉尘或有害物质的气体捕集起来，由通风管道输送到净化处理设备，经净化处理之后，再排放到大气中去。而有些车间，为改善工作条件，可向局部地点进行送风，如直接向人员操作处送风，以上这类通风属于工业通风
空气调节	有一些工业建筑(车间)，需要空气保持一定的温度、湿度和清洁度，以保证产品的质量；又如某些民用建筑，为求得舒适的空气环境，也要保持一定的温度和湿度。这类建筑中，则需用通风设施送入清洁及温度、湿度都适宜的空气，这种通风属于空气调节，简称空调

2. 通风施工图的组成

通风施工图一般包括设计和施工说明、设备和配件明细表、通风系统平面图、剖面图、系统图、详图等。在通风施工图中，为了使通风管道系统表示得比较明显起见，房屋建筑的轮廓用细线画出，管道用粗线画出，设备和较小的配件用中粗线或细线画出。

3. 通风施工图内容

(1) 设计和施工说明。

设计和施工说明包括以下内容：

1) 设计时使用的有关气象资料、卫生标准等基本数据。

2) 通风系统的划分。

3) 施工做法，例如与土建工程的配合施工事项，风管材料和制作的工艺要求，油漆、保温、设备安装技术要求，施工完毕后试运行要求等。

4) 图例，本套施工图中采用的一些图例。

(2) 设备和配件明细表。

设备和配件明细表就是通风机、电动机、过滤器、除尘器、阀门等以及其他配件的明细表，在表中要注明它们的名称、规格、型号和数量等，以便与施工图对照。

(3) 通风系统平面图。

通风系统平面图主要表达通风管道、设备的平面布置情况和有关尺寸，一般包含以下内容：

1) 以双线绘出的风道、异径管、弯头、静压箱、检查口、测定孔、调节阀、防火阀、送（排）风口等的位置。

2) 水式空调系统中，用粗实线表示的冷热媒管道的平面位置、形状等。

3) 送、回风系统编号，送、回风口的空气流动方向等。

4) 空气处理设备（室）的外形尺寸，各种设备定位尺寸等。

5) 风道及风口尺寸（圆管注管径，矩形管注宽×高）。

6) 各部件的名称、规格、型号、外形尺寸、定位尺寸等。

(4) 通风系统剖面图。

通风系统剖面图表示通风管道、通风设备及各种部件竖向的连接情况和有关尺寸，主要有以下内容：

1) 用双线表示的风道、设备、各种零部件的竖向位置尺寸和有关工艺设备的位置尺寸，相应的编号尺寸应与平面图对应。

2) 注明风道直径（或截面尺寸），风管标高（圆管标中心，矩形管标管底边），送、排风口的形式、尺寸、标高和空气流向等。

(5) 通风系统图。

通风系统图是采用轴测图的形式将通风系统的全部管道、设备和各种部件在空间的连接及纵横交错、高低变化等情况表示出来，一般包含以下内容：

1）通风系统的编号、通风设备及各种部件的编号，应与平面图一致。

2）各管道的管径（或截面尺寸）、标高、坡度、坡向等，系统图中的管道一般用单线表示。

3）出风口、调节阀、检查口、测量孔、风帽及各异形部件的位置尺寸等。

4）各设备的名称及规格型号等。

（6）通风系统详图。

通风系统详图表示各种设备或配件的具体构造和安装情况。通风系统详图较多，一般包括：空调器、过滤器、除尘器、通风机等设备的安装详图；各种阀门、检查门、消声器等设备部件的加工制作详图；设备基础详图等。各种详图大多有标准图供选用。

4. 通风空调工程原理图

原理图又常称为流程图，它应该能充分反映系统的工作原理以及工作介质的流程，表达设计者的设计思想和设计方案。原理图不按投影规则绘制，也不按比例绘制。原理图中的风管和水管一般按粗实线单线绘制，设备轮廓采用中粗线。原理图可以不受物体实际空间位置的约束，根据系统流程表达的需要，来规划图面的布局，使图面线条简洁，系统的流程清晰。空调通风工程原理图按其表达的内容分为空调风系统原理图、空调水系统原理图、空调机组原理图、冷热源流程图等。

二、施工图识读

图 1-1 为某通风原理图，应先阅读通风系统图查明各通风系统的编号、设备部件的编号、风管的截面尺寸、设备名称及规格型号、风管的标高等。

从图 1-1 中可以看出管道包括冷热水供水管（LRG）、冷热水回水管（LRH）和空调冷凝水管（n）。冷热水供水、回水管在距楼板底 300mm 的高度上水平布置。冷热水供水、回水管管径相同，立管管径均为 125mm；大盘管 DH—7 所在系统的管径为 80mm，MH—504 所在系统的管径为 40mm；4 个小盘管所在系统的管径接第一组时为 40mm，接中间两组时为 32mm，接最后一组变为 15mm。冷热水供水、回水管在水平方向上沿供水方向设置坡度 0.003 的上坡，端部设有集气罐。

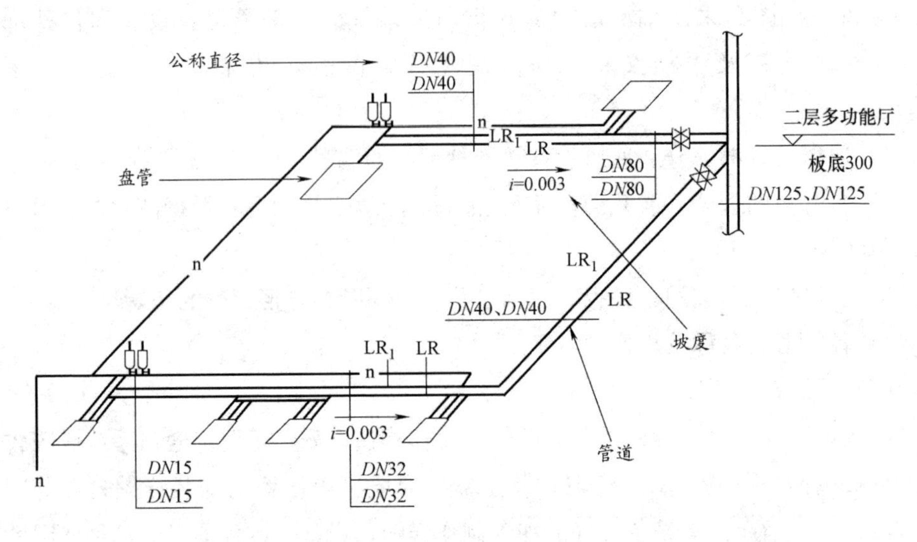
公称直径
DN40
DN40
n
LR1
LR
二层多功能厅
板底300
盘管
DN80
DN80
i=0.003
DN125、DN125
n
LR1
LR
DN40、DN40
坡度
LR1
LR
n
i=0.003
管道
DN15
DN15
DN32
DN32
n

图 1-1　某通风原理图

第2小时

高层办公楼中央空调原理图识读

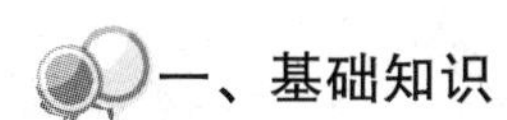

一、基础知识

1. 通风系统分类、组成

通风系统的分类、组成，见表 2-1。

通风系统的分类、组成　　　　表 2-1

项目	内　　容
自然通风	利用室外冷空气与室内热空气密度的不同，以及建筑物迎风面和背风面风压的不同而进行的通风称为自然通风 自然通风可分为有组织的自然通风、管道式自然通风和渗透通风三种
机械通风	利用通风机所产生的抽力或压力借助通风管网进行的通风称为机械通风 通风系统有送风系统和排风系统。实际中经常将机械通风和自然通风结合使用。例如，有时采用机械送风和自然排风，有时采用机械排风和自然进风。机械送风系统一般由进风百叶窗、空气过滤器(加热器)、通风机(离心式、轴流式、贯流式)、通风管以及送风口等组成，如图 2-1所示。机械排风系统一般由吸风口(吸尘罩)、通风管、通风机、风帽等组成，如图 2-2 所示

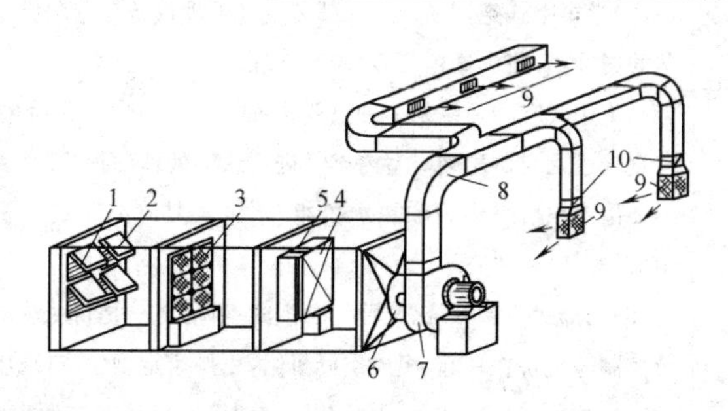

图 2-1　机械送风系统

1—百叶窗；2—保温阀；3—过滤器；4—空气加热器；5—旁通阀；6—启动阀；7—通风机；8—通风管；9—出风口；10—调节阀门

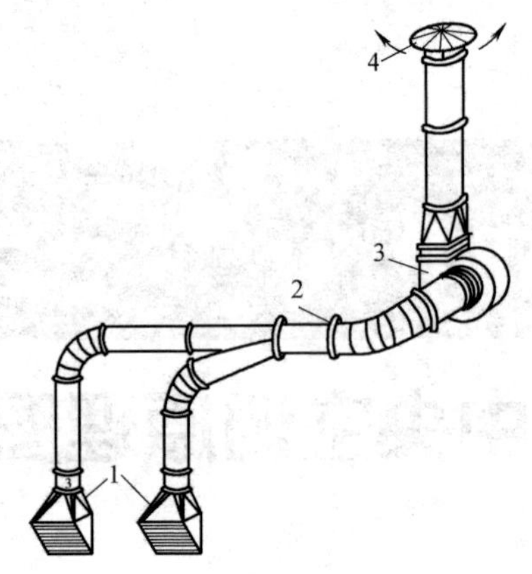

图 2-2　机械排风系统

1—排气罩；2—排风管；3—通风机；4—风帽

2. 空调系统分类组成

空调系统的分类、组成，见表 2-2。

空调系统的分类、组成　　　　表 2-2

项　目	内　容
按空调设备所需介质	按空调设备所需介质分为全空气式系统、全水式系统、空—水式系统和制冷剂式系统
按空调处理设备的集中程度	按空调处理设备的集中程度分为集中式系统、半集中式系统和分散式系统三种形式。集中式空调系统又称“中央空调” (1)集中式空调系统一般由空调房间、空气处理设备、空气输送设备、空气分配设备四个基本部分组成 空调机组集中安置在空调机房内，空气经过处理后通过管道送入各个房间，一些大型的公共建筑，如宾馆、影剧院、商场、精密车间等，大多采用集中式空调 (2)半集中式空调系统中大部分空气处理设备在空调机房内，少量设备在空调房间内，既有集中处理，又有局部处理 半集中式空调系统是一种空气系统与冷冻(热)水系统的有机组合，空调水系统直接进入空调房间对室内空气进行热湿处理，而空气系统主要负担新风负荷。主要由冷水机组锅炉和热水机组、水泵及其管路系统、风机盘管、新风系统等组成 (3)局部式空调系统，又称为分散式空调系统，是将冷热源、空气处理、风机、自动控制等装备在一起，组成空调机组，由厂家定型生产，现场安装，只供小面积房间或少数房间局部使用，也是利用空调机组直接在空调房间内或其邻近地点就地处理空气。局部空调机组有窗式空调机、壁挂式空调机、立柜式空调机及恒温恒湿机组等

3. 中央空调系统组成

中央空调系统主要由主机、冷却水循环系统、冷冻水循环系统、风机盘管系统和冷却塔组成。各部分的作用及工作原理如下：

（1）主机。主机部分由压缩机、蒸发器、冷凝器及冷媒（制冷剂）等组成，其工作循环过程如下：首先低压气态冷媒被压缩机加压进入冷凝器并逐渐冷凝成高压液体。在冷凝过程中冷媒会释放出大量热能，这部分热能被冷凝器中的冷却水吸收并送到室外的冷却塔上，最终释放到大气中去。随后冷凝器中的高压液态冷媒在流经蒸发器前的节流降压装置时，因为压力的突变而气化，形成气液混合物进入蒸发器。冷媒在蒸发器中不断气化，同时会吸收冷冻水中的热量使其达到较低温度。最后，蒸发器中气化后的冷媒又变成了低压气体，重新进入了压缩机，如此循环往复。

（2）冷冻水循环系统。该部分由冷冻泵、室内风机及冷冻水管道等组成。从主机蒸发器流出的低温冷冻水由冷冻泵加压送入冷冻水管道（出水），进入室内进行热交换，带走房间内的热量，最后回到主机蒸发器（回水）。室内风机用于将空气吹过冷冻水管道，降低空气温度，加速室内热交换。

（3）冷却水循环部分。该部分由冷却泵、冷却水管道、冷却水塔及冷凝器等组成。冷冻水循环系统进行室内热交换的同时，必将带走室内大量的热能。该热能通过主机内的冷媒传递给冷却水，使冷却水温度升高。冷却泵将升温后的冷却水压入冷却水塔（出水），使之与大气进行热交换，降低温度后再送回主机冷凝器（回水）。

4. 空调设备组成

空调设备由空气净化设备、表面式换热器、空调机组、风机盘管、空气除湿设备、喷水室、加湿设备组成，具体见表2-3。

空调设备组成　　**表2-3**

组成部分	内　　容
空气净化设备	空调系统中空气净化处理是用过滤器将空气中的悬浮尘埃除去。过滤器中有粗效、中效、高效三种
表面式换热器	分为表冷器和表面式加热器。有光管片和肋片式空气换热器两类。冷、热媒均不与空气接触，用于空调的末端装置或空气处理室中 （1）表冷器是将空气冷却到所需的温度。冷却器又分冰冷式和直接蒸发式两类。冰冷式以冷冻水为冷媒；直接蒸发式以制冷剂的汽化来冷却空气 （2）表面式加热器以蒸汽或热水为热媒对空气进行加热

续表

组成部分	内　容
空调机组	空调机组是一种对空气进行过滤和冷湿处理并内设风机的装置。有组合式空调机组、新风机组、整体式空调机组、变风量空调机组等 (1)组合式空调机组由过滤段、混合段、处理段、加热段、中间段、风机段等组成，是集中式空调系统的空气处理设备 (2)整体式空调机组由制冷压缩机、冷凝器、蒸发器、风机、加热器、加湿器、过滤器、自动调节装置等组成于一个箱体内
风机盘管	风机盘管是集中空调系统中的末端位置，由风机、盘管、电动机、过滤器、室温调节器、机箱等组成，具有安装方便、规格化定型生产、布置灵活、独立调节等特点
空气除湿设备	空气除湿方法有通风法、冷冻减湿器减湿法、固体吸湿法、液体吸湿剂法
喷水室	喷水室由喷嘴、喷嘴排管、前后挡水板、底池、附属管道、水泵和外壳等组成。可对空气进行冷、热、湿净化处理
加湿设备	对空气进行加湿处理，如超声波加湿器、电极加湿器、干蒸汽加湿器、高压喷雾加湿器、远红外线加湿器、湿膜式加湿器。此外还有水泵、除尘设备等

二、施工图识读

图 2-3 为某高层办公楼中央空调水系统原理图（一）部分，即六层至顶部空

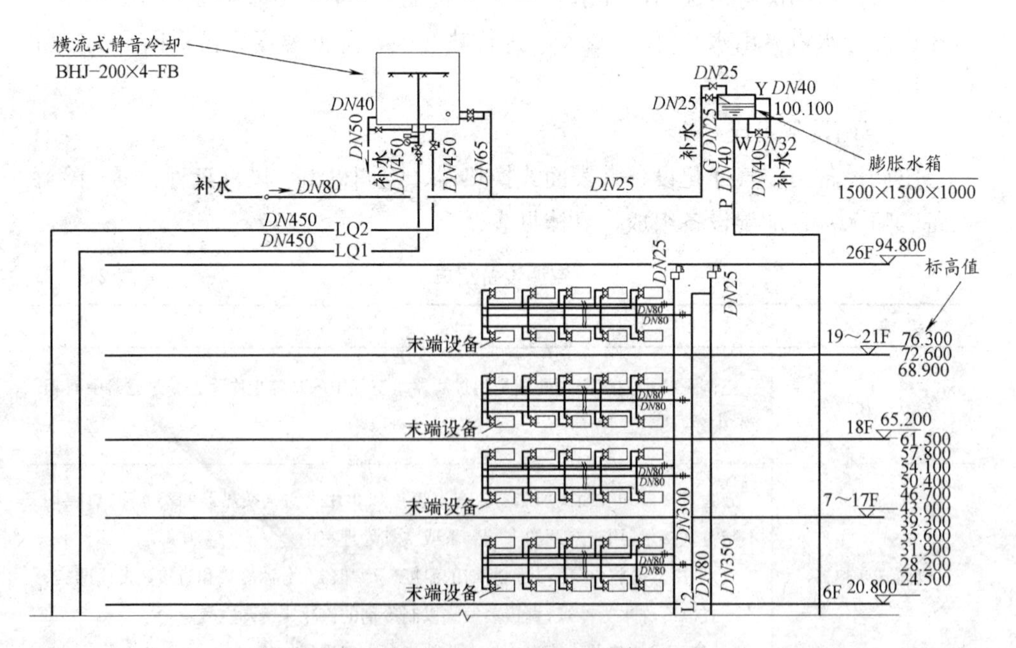

图 2-3　某高层办公楼中央空调原理图（一）部分

调水系统原理图。该图采用分楼层组织图面布局的方法，清晰表达了水系统的输配流程。

图 2-3 所示主要表达了空调系统冷热源的工艺流程，包括三部分：冷冻水（热水）系统、冷却水系统以及补水系统。夏季空调用冷水由两台冷水机组提供，冬季空调用热水由热交换站提供。最上部左侧为冷却塔，型号是 BHJ－200×4－FB，在冷却水系统流程中，冷却水从冷却塔出来后，经过过滤器和冷却水泵，进入冷水机组，水从机组出来后升温，回到冷却塔降温。右侧是膨胀水箱，尺寸为 1500mm×1500mm×1000mm，箱底标高是 100.100m。立管管径有 *DN*80、*DN*300、*DN*350、*DN*450，水平管管径有 *DN*25、*DN*32、*DN*80、*DN*450 等。

图 2-4 为某高层办公楼中央空调水系统原理图（二）部分，即一层至五层空调水系统原理图。该图采用分楼层组织图面布局的方法，清晰表达了水系统的输配流程。

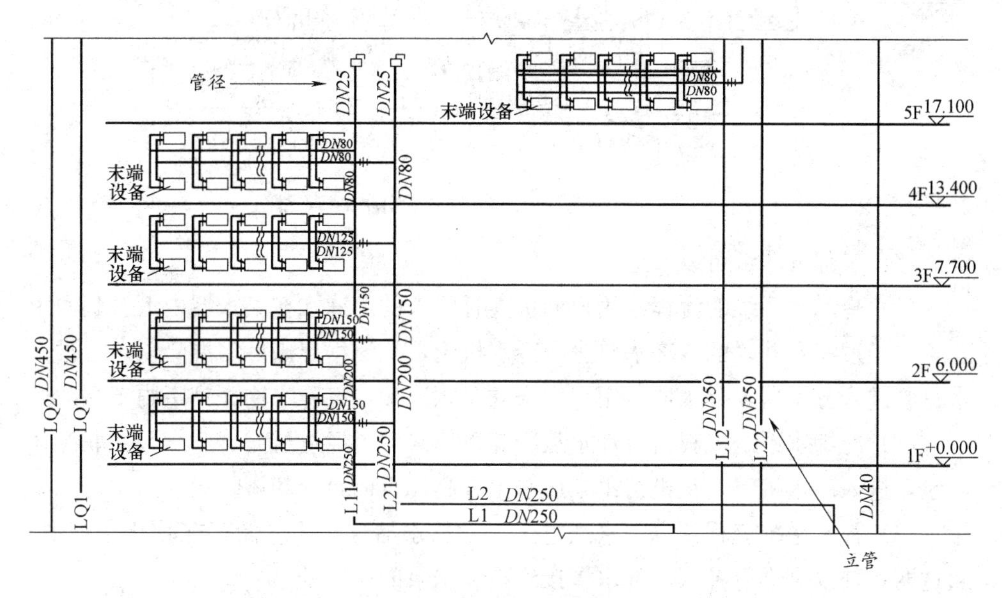

图 2-4 某高层办公楼中央空调原理图（二）部分

图 2-4 所示主要表达了空调系统冷热源的工艺流程，包括两部分：冷冻水（热水）系统和冷却水系统。夏季空调用冷水由两台冷水机组提供，冬季空调用热水由热交换站提供。

图中均为各个楼层设备布置图，立管管径有 *DN*80、*DN*150、*DN*200、*DN*350 等，水平管管径有 *DN*80、*DN*125 等。供水方式同一部分。

图 2-5 为某高层办公楼中央空调水系统原理图（三）部分，即一层以下空调水系统原理图。该图采用分楼层组织图面布局的方法，清晰表达了水系统的输配

流程。

图 2-5 所示主要表达了空调系统冷热源的工艺流程，包括三部分：冷冻水（热水）系统、冷却水系统以及补水系统。夏季空调用冷水由两台冷水机组提供，冬季空调用热水由热交换站提供。

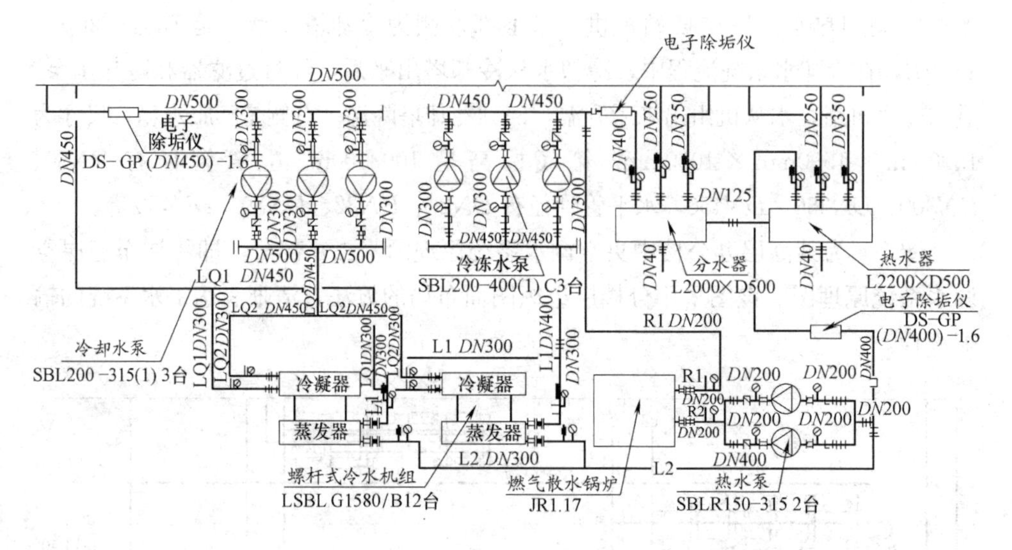

图 2-5　某高层办公楼中央空调原理图（三）部分

综合三部分图纸可以知道：

（1）冷冻水系统的流程：用户回水立管回来的冷冻水在集水器内汇合到回水总管，经过三台并联的冷冻水泵进入冷水机组，从机组出来后水温降低，通过供水总管进入分水器，分水器与用户供水立管相连接，将冷水输配到室内末端。

（2）冷却水系统流程：冷却水从冷却塔出来后，经过过滤器和三台并联冷却水泵，进入冷水机组，从机组出来后水温升高，再回到冷却塔降温。

（3）补水系统流程：自来水经过全自动软水器处理后，储存在软化水箱中，通过两台补水泵进行补水，补水管接到冷冻水泵的入口处。

另外，各种管道直径及设备的型号、台数、定位尺寸均在图中详细给出。

第3小时

通风系统平面图识读

一、基础知识

1. 通风系统平面图

通风系统平面图主要表达通风管道、设备的平面布置情况和有关尺寸，一般包含以下内容：

（1）以双线绘出的风道、异径管、弯头、静压箱、检查口、测定孔、调节阀、防火阀、送排风口等的位置。

（2）水式空调系统中，用粗实线表示冷热媒管道的平面位置、形状等。

（3）送、回风系统编号，送、回风口的空气流动方向等。

（4）空气处理设备（室）的外形尺寸，各种设备定位尺寸等。

（5）风道及风口尺寸（圆管注管径，矩形管注宽×高）。

（6）各部件的名称、规格、型号、外形尺寸、定位尺寸等。

2. 通风系统的组成

（1）送风系统的组成。

1）送风管道：设置调节阀、防火阀、检查孔、送风口等。

2）回风管道：设置防火阀、回风口等。

3）管道配件及管件：弯头、三通、四通、异径管、法兰盘、导流片、静压箱等。

4）管道配件：测定孔、管道支托架。

5）通风设备：空气处理器、过滤器、加热器、送风机。

（2）排风系统组成。

1）排风管道：设置蝶阀、排风口、排气罩、风帽等。

2）管道配件及管件：弯头、三通、四通、异径管、法兰盘、导流片、静压

箱等。

3）管道配件：测定孔、管道支托架。

4）排风设备：排风机、净化设备等。

3. 平面的表示

平面的表示方式，见表 3-1。

平面的表示方式　　表 3-1

项　目	内　容
几何元素表示	平面是广阔无边的，它在空间的位置可用下列几何元素来确定和表示： (1)不在同一直线上的三个点，如图 3-1(*a*)中点 *A*、*B*、*C* 所示 (2)一直线及线外一点，如图 3-1(*b*)中点 *A* 和直线 *BC* 所示 (3)相交二直线，如图 3-1(*c*)中直线 *AB* 和 *AC* 所示 (4)平行二直线，如图 3-1(*d*)中直线 *AB* 和 *CD* 所示 (5)平面图形，如图 3-1(*e*)中△*ABC* 所示 所谓确定位置，就是说通过上列每一组元素只能作出唯一的一个平面。为了明显起见，通常用一个平面图形(平行四边形或三角形)表示一个平面 如果说平面图形 ABC，是指在三角形 ABC 范围内的那一部分平面；如果说平面 ABC，则应该理解为通过三角形 ABC 的一个广阔无边的平面
迹线表示	平面还可以由它与投影面的交线来确定其空间位置 平面与投影面的交线称为迹线。平面与 *V* 面的交线称为正面迹线，以 P_V 标记；与 *H* 面交线称为水平迹线，以 P_H 标记，如图 3-2(a)所示。用迹线来确定其位置的平面称为迹线平面。实质上，一般位置的迹线平面就是该平面上相交二直线 P_V 和 P_H 所确定的平面。如图 3-2(*b*)所示，在投影图上，正面迹线 P_V 的 *V* 投影与 P_V 本身重合，P_V 的 *H* 投影与 *OX* 轴重合，不加标记，水平迹线 P_H 的 *V* 投影与 *OX* 轴重合，P_H 的 *H* 投影与 P_H 本身重合

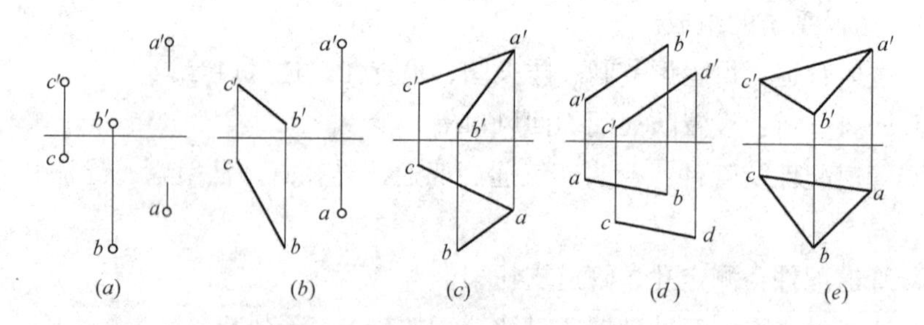

图 3-1　用几何元素表示平面

4. 平面对投影面的相对位置

(1) 正平面和侧平面有类似投影面水平面的投影特性，见表 3-2。

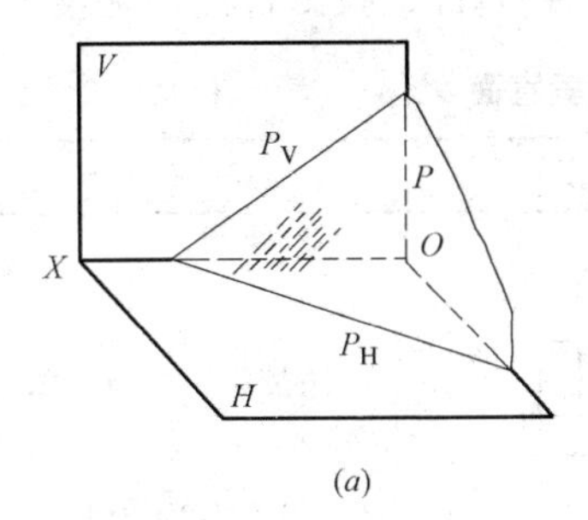

(a)

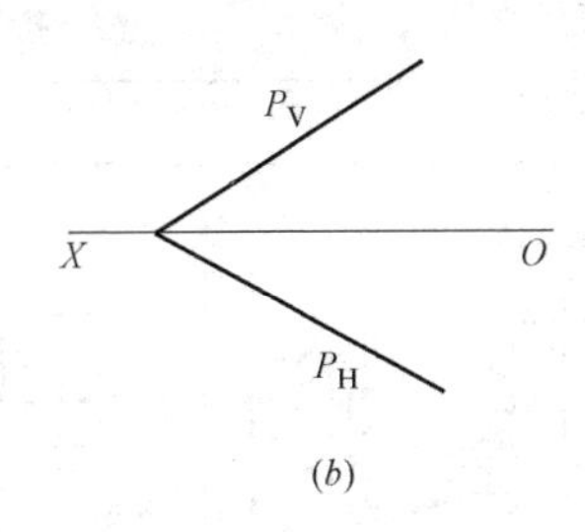

(b)

图 3-2 用迹线表示平面

投影面平行面 **表 3-2**

名称	立 体 图	投 影 图	投 影 特 性
水平面 （只//H 面）	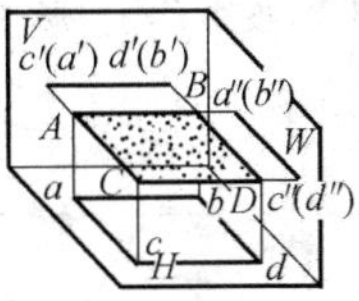	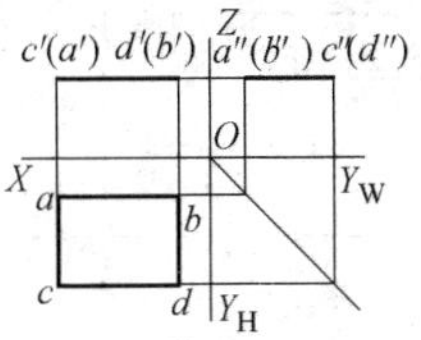	(1)H 投影反映实形 (2)V 投影积聚为平行于 OX 的直线段 (3)W 投影积聚为平行于 OY_w 的直线段
正平面 （只//V 面）	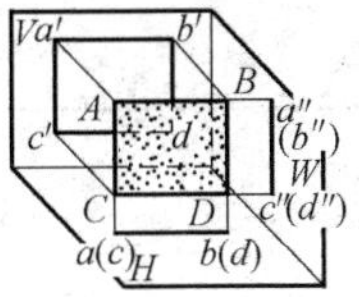	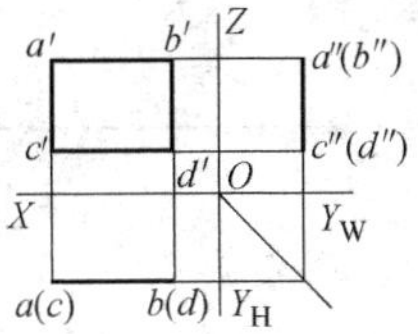	(1)V 投影反映实形 (2)H 投影积聚为平行于 OX 的直线段 (3)W 投影积聚为平行于 OZ 的直线段
侧平面 （只//W 面）	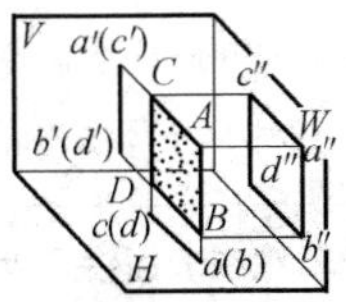	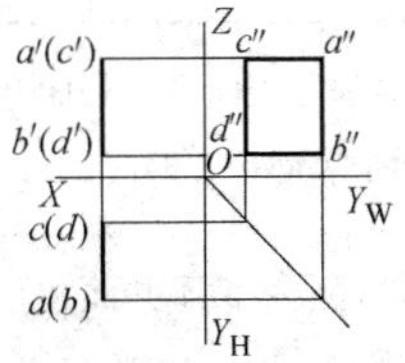	(1)W 投影反映实形 (2)H 投影积聚为平行于 OY_H 的直线段 (3)V 投影积聚为平行于 OZ 的直线段

（2）正垂面和侧垂面也有类似投影面铅垂面的投影特性，见表 3-3。

投影面垂直面 **表 3-3**

名称	立 体 图	投 影 图	投 影 特 性
铅垂面 （⊥*H* 面）	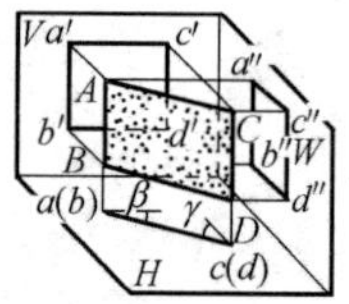	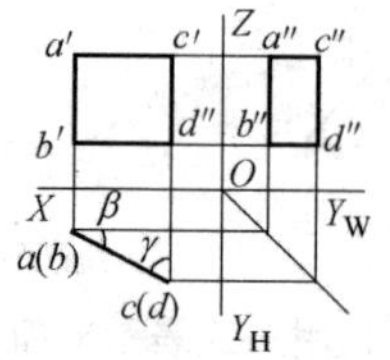	（1）*H* 投影积聚为一斜线且反映 β 和 γ 角 （2）*V*、*W* 投影为类似形
正垂面 （⊥*V* 面）	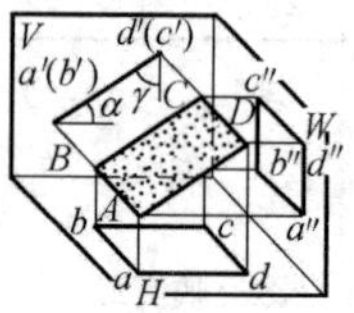	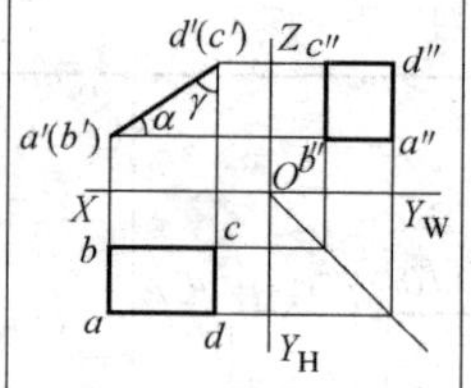	（1）*V* 投影积聚为一斜线且反映 α 和 γ 角 （2）*H*、*W* 投影为类似形
侧垂面 （⊥*W* 面）	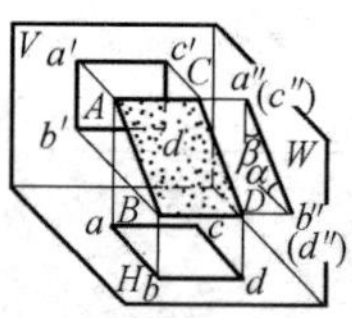	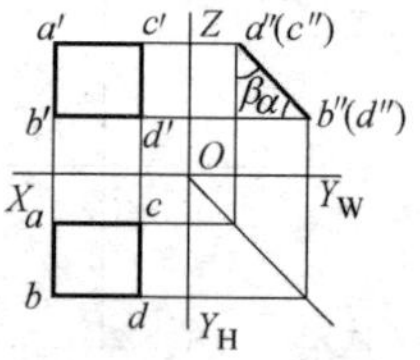	（1）*W* 投影积聚为一斜线且反映 α 和 β 角 （2）*H*、*V* 投影为类似形

5. 平面组合体投影

（1）组合体的组成方式。

组合体的组成方式，见表 3-4。

组合体的组成方式 **表 3-4**

项	目	内 容
叠加型	平齐	两基本体相互叠加时部分表面平齐共面，则在表面共面处不画线。在图 3-3(*a*)中，两个长方体前后两个表面平齐共面，故正面投影中两个体表面相交处不画线
	相错	两基本体相互叠加时部分表面不共面相互错开，则在表面错开处应画线。在图 3-3(*b*)中，上面长方体的侧面与下方长方体的相应侧面不共面，相互错开，因此在正面投影与侧面投影中表面相交处画线

续表

项　　目		内　　　容
叠加型	相交	两基本体相互叠加时相邻表面相交，则在表面相交处应画线。在图3-3(*c*)中，下面长方体前侧面与上方棱柱体前方斜面相交，相交处有线。在图3-3(*d*)中，长方体前后侧面与圆柱体柱面相交产生交线
	相切	两基本体相互叠加时相邻表面相切，由于相切处是光滑过渡的，则在表面相交处不应画线。在图3-3(*e*)中，长方体前后侧面与圆柱体柱面相切，正面投影图在表面相切处不画线
切割型		由基本体经过切割而形成的形体称为切割型组合体。图3-4中的组合体可以看成是一个四棱柱体在左上方切去一个三棱柱，再在左前方和左后方切去两个楔形体而形成的
综合型		由若干基本体经过切割，然后再叠加到一起而形成的组合体称为综合型组合体。图3-5是一个综合型组合体，它由两个长方体组成，上面长方体被切掉一个三棱柱和一个梯形棱柱体，下面长方体在中间被切掉一个小三棱柱

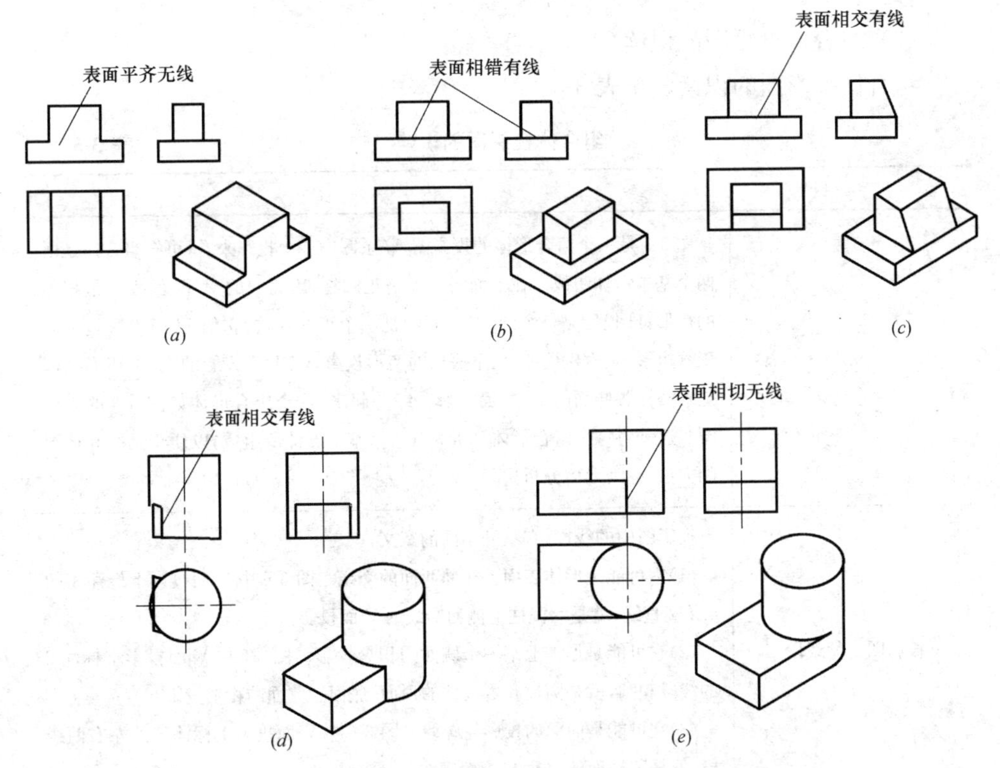

图3-3　叠加型组合体及其表面关系

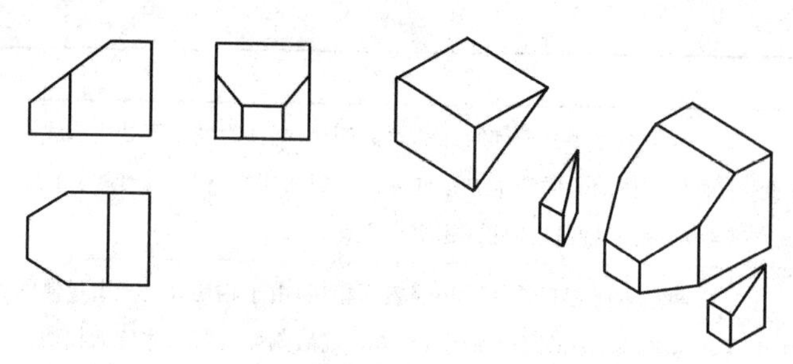

图 3-4　切割型组合体

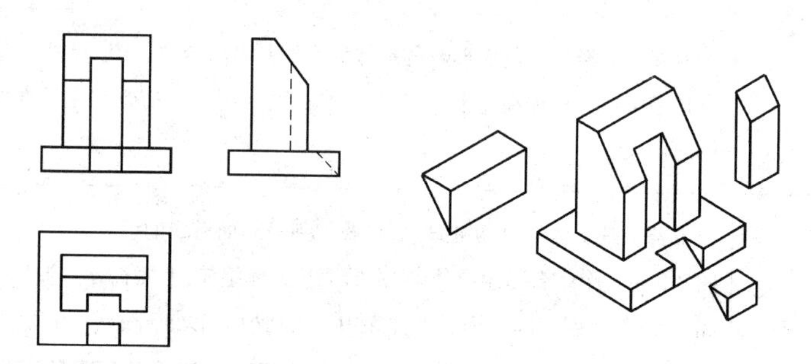

图 3-5　综合型组合体

(2) 组合体投影图的识读。

组合体投影图的识读，见表 3-5。

组合体投影图的识读　　**表 3-5**

项　目	内　容
形体分析法	图 3-6 是一个组合形体的投影图，联系图中单个投影来看，可知组合体是由两个基本形体组成。在上面的一个是正圆柱，因为它的 V、W 面投影是相等的矩形，H 投影是一个圆；在下面的是一个正六棱柱，它的 H 面投影是一个正六边形，是六棱柱的上、下底面的实形投影，V、W 面投影的大、小矩形线框是六棱柱各侧面的 V、W 面投影。综合起来，这个组合形体如图 3-6 的立体图。这种将一个组合形体分析为若干个基本形体所组成，以便于画图和读图的方法，称为形体分析法
投影图中的线段	投影图中的线段，有三种不同的意义： (1)它可能是形体表面上相邻两面的交线。图 3-6 中 V 面投影上标注 1 的 4 条竖直线，就是六棱柱上侧面交线的 V 面投影 (2)它可能是形体上某一个侧面的积聚投影。图 3-6 中 V 面投影上标注 2 的线段和圆，就是圆柱和六棱柱的顶面、底面和侧面的积聚投影 (3)它可能是曲面的投影轮廓线。图 3-6 中 V 面投影上标注 3 的左右两线段，就是圆柱面的 V 面投影轮廓线

续表

项　　目	内　　　　容
投影图中的线框	投影图中的线框，有四种不同的意义： (1)它可能是某一侧面的实形投影。图 3-6 中标注 a 的线框，就是六棱柱平行于 V 面的侧面的实形投影和圆柱上、下底面的 H 面实形投影 (2)它可能是某一侧面的相仿投影。图 3-6 中标注 b 的线框，是六棱柱垂直于 H 面但对 V 面倾斜的侧面的投影 (3)它可能是某一个曲面的投影。图 3-6 中标注 c 的线框，是圆柱的 V 面投影。 (4)它也可能是形体上一个空洞的投影

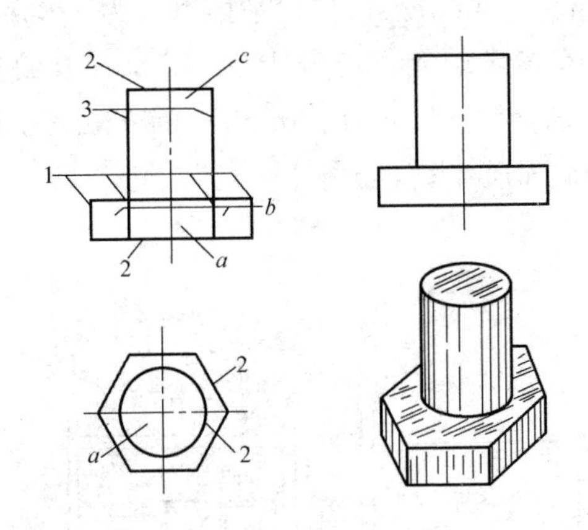

图 3-6　组合形体投影图

6. 通风系统平面图识读

通风系统平面图，首先应查找系统的编号与数量。对复杂的通风系统，对风道系统需进行编号，简单的通风系统可不进行编号。其次查找通风管道的平面位置、形状、尺寸。弄清通风管道的作用，相对于建筑物墙体的平面位置及风管的形状、尺寸。风管有圆形和矩形两种。通风系统一般采用圆形风管，空调系统一般采用矩形风管，因为矩形风管易于布置，弯头、三通尺寸比圆形风管小，可明装或暗装于吊顶内。然后查找通风管道的平面位置、形状、尺寸。弄清通风管道的作用，相对于建筑物墙体的平面位置及风管的形状、尺寸。

查找水式空调系统中水管的平面布置情况。弄清水管的作用以及与建筑物墙面的距离。水管一般沿墙、柱敷设。查找空气处理各种设备（室）的平面布置位置、外形尺寸、定位尺寸。最后查找系统中各部件的名称、规格、型号、外形尺寸、定位尺寸。

二、施工图识读

图 3-7 是某通风空调系统平面图（一）部分，从图中可以看出该空调系统为水式系统。图中标注“LR”的管道表示冷、热水供水管，标注“LR_1”的管道表示冷、热水回水管，标注“n”的管道表示空调冷凝水管。冷、热水供水、回水管沿墙布置，接入两个大盘管。大盘管型号为 MH—504 和 DH—7。冷凝水管将两个盘管中的冷凝水收集起来，穿墙排至室外。室外新风通过截面尺寸为 400mm×300mm 的新风管，进入静压箱与房间内的回风混合，经过型号为 DH—7 的大盘管处理后，再经过另一侧的静压箱进入送风管。送风管通过底部的 4 个尺寸为 700mm×300mm 的散流器。送风管布置在距①墙 100mm 处，风管截面尺寸为 1000mm×300mm。回风口平面尺寸为 1200mm×800mm，带网。回风管穿墙将回风送入静压箱。型号为 MH—504 上的送风管截面尺寸为 500mm×300mm，回风管截面尺寸为 800mm×300mm。两个大盘管的平面定位尺寸及各个静压箱的截面尺寸图中已标出。

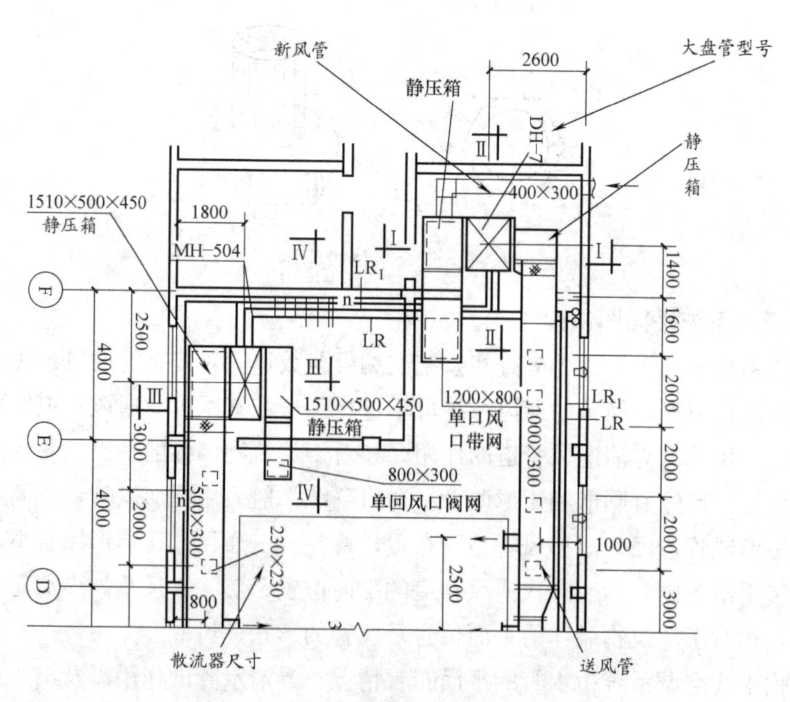

图 3-7　某通风系统平面图（一）部分

图 3-8 是某通风空调系统平面图（二）部分，从图中可以看出该空调系统为水式系统。图中标注“LR”的管道表示冷、热水供水管，标注“LR_1”的管道

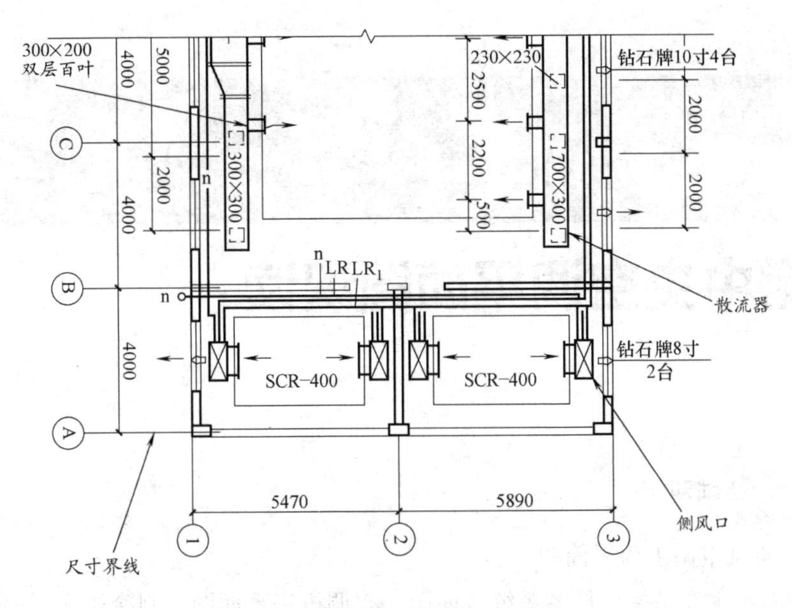

图 3-8　某通风系统平面图（二）部分

表示冷冻水回水管，标注“n”的管道表示冷凝水管。冷、热水供水，回水管沿墙布置，接入 4 个小盘管。小盘管型号为 SCR—400。冷凝水管将 4 个盘管中的冷凝水收集起来，穿墙排至室外。室外新风通过新风管，进入静压箱与房间内的回风混合，经过大盘管处理后，再经过另一侧的静压箱进入送风管。送风管通过底部的 4 个尺寸为 700mm×300mm 的散流器和图中 3 个尺寸为 700mm×300mm 的散流器，及 3 个侧送风口将空气送入室内。送风管布置在距①墙 100mm 处，风管截面尺寸为 700mm×300mm。型号为 MH—504 上的送风管截面尺寸为 300mm×300mm，回风管截面尺寸为 800mm×300mm。四个小盘管的平面定位尺寸图中已标出。

第4小时

住宅中央空调平面图识读

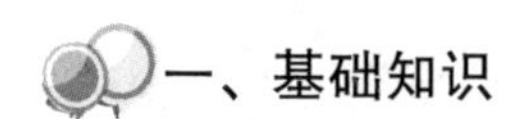

一、基础知识

1. 通风空调工程平面图

平面图主要是指各层各系统平面图、空调机房平面图、制冷机房平面图，见表4-1。

平面图内容 **表4-1**

项目	内容
通风空调系统平面图	表明通风空调设备和系统风管在建筑物内的平面布置情况： (1)双线绘出风管、异径管、弯头、导流片、检查口、测定孔、调节阀、防火阀、送排风口的位置 (2)空气处理设备的位置、定位尺寸、轮廓及设备的尺寸 (3)注明系统编号、送风机回风的空气流向 (4)注明风管、风口的尺寸，设备及部件名称，规格及型号，弯头的曲率半径值，通用图、国标标准部件图索引号等 (5)注明各房间的基准温度和精度要求
空调机房平面图	表明空调设备在机房的平面布置、设备与风管系统的连接情况： (1)标明标准图或样本采用空调器组合段代号、级别、参数、台数、定位尺寸 (2)双线表明一、二次回风管道、新风管道及这些管道的定位尺寸 (3)用单线粗实线绘制给水排水、冷热煤管道以及定位尺寸 (4)注明消声设备、柔性接头(短管)的位置尺寸、管径、管长尺寸 (5)如果是集中空调机组，空调机房和制冷机房合并绘出
制冷机房平面图	表明制冷设备在机房或室外的平面布置、制冷设备与管道的连接情况 (1)制冷设备平面布置的位置尺寸、制冷管道的连接及走向 (2)设备型号及参数、管道的规格及型号

2. 通风空调工程平面图识读

(1) 查明系统的编号及数量。

(2) 表明末端位置的种类、型号、规格与平面布置位置。

(3) 表明风管材料、形状、规格尺寸、设备布置及型号。

3. 平面上的点和线

平面上的点和线，见表 4-2。

平面上的点和线　　**表 4-2**

形式	内　　容
平面上取点和直线	直线和点在平面上的几何条件：如果一直线经过一平面上两已知点或经过面上一已知点且平行于平面内一已知直线，则该直线在该平面上。如果一点在平面内一直线上，则该点在该平面上 图 4-1 中，D 在△SBC 的边 SB 上，故 D 在△SBC 上；DC 经过△SBC 上两点 C、D，故 DC 在平面△SBC 上；点 E 在 DC 上，故点 E 在△SBC 上；直线 DF 过 D 且平行于 BC，故 DF 在△SBC 上
平面上的投影面平行线	图 4-2 中，△abc 的边 bc 是水平线，边 ab 是正平线，它们都称为平面△abc 上的投影面平行线。实际上，投影面倾斜面上有无数条正平线、水平线及侧平线，每一种投影面平行线都互相平行。图 4-5 中的 bc 和 ef，它们都是水平线且都在△abc 上，所以它们相互平行，$b'c'//e'f'//OX$（V 面投影 $//OX$ 是水平线的投影特点），$bc//ef$
在平面内做水平线和正平线	要在平面上作水平线或正平线，需先作水平线的 V 投影或正平线的 H 投影（均平行于 OX 轴），然后再作直线的其他投影，如图 4-3 所示

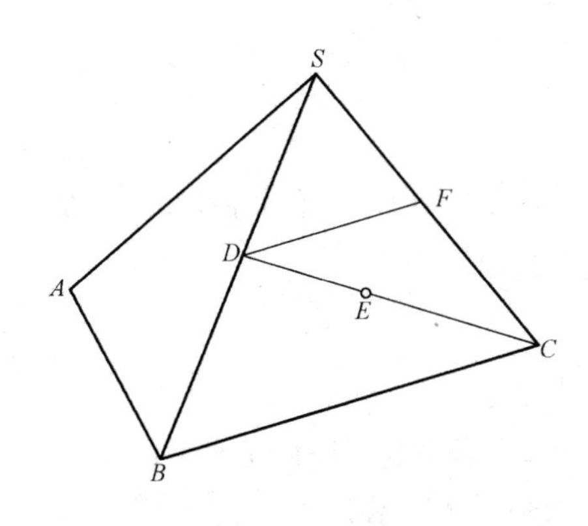

图 4-1　平面上的点和直线

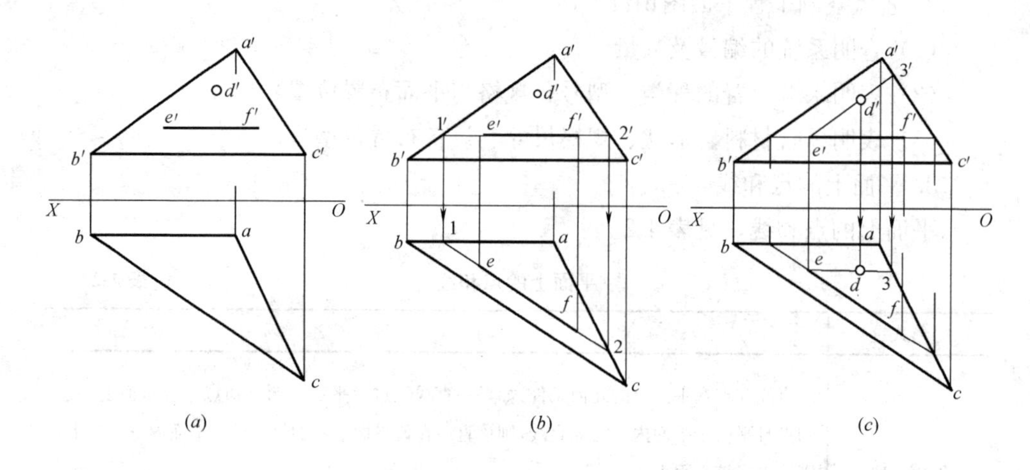

图 4-2　补全平面上点、线的投影

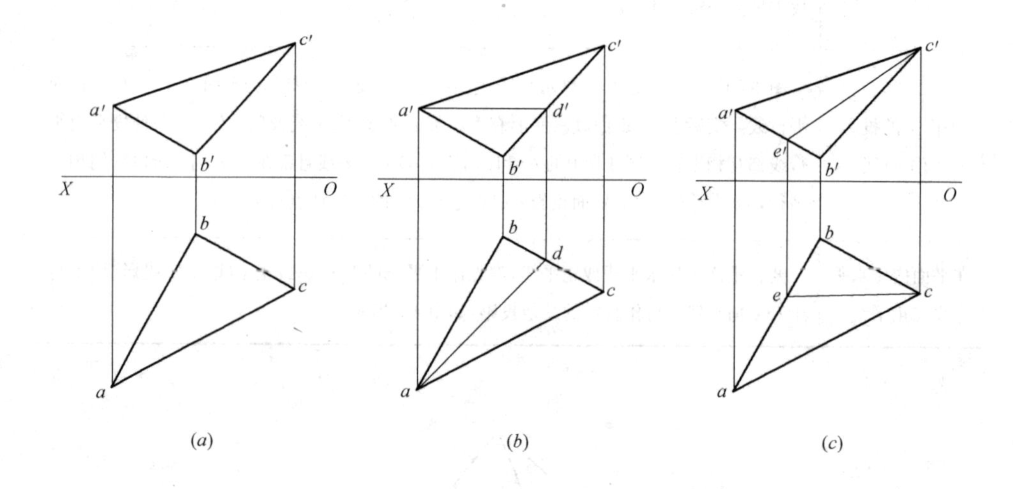

图 4-3　在平面内作水平线和正平线

（a）已知平面；（b）作水平线；（c）作正平线

4．平面立体投影

（1）棱柱体的三面投影。

1）三棱柱体的三角形上底面和下底面是水平面，左、右两个棱面是铅垂面，后面的棱面是正平面，如图 4-4 所示。

2）在三棱柱上一点 L 的正面投影 l'和直线 MN 的正面投影，可以求出点 L 和直线 MN 水平投影和侧面投影，具体做法如图 4-5 所示，具体步骤见表 4-3。

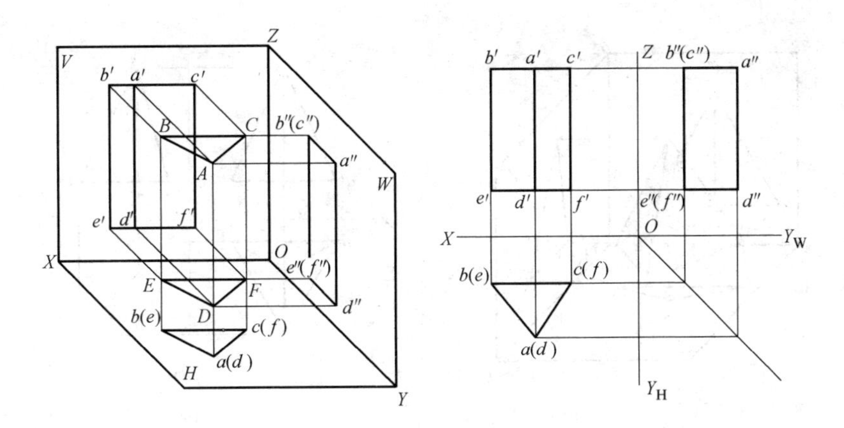

图 4-4　三棱柱的三面投影

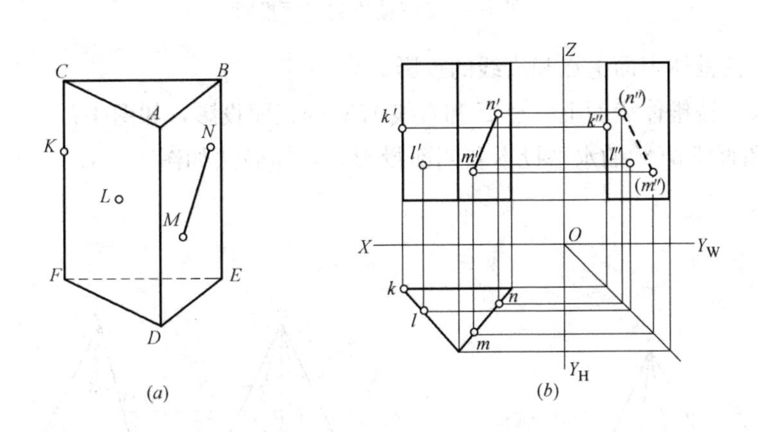

图 4-5　求棱柱体表面上点和直线的投影

求棱柱体表面上点和直线的投影的具体步骤　　　　**表 4-3**

步骤	内　　容
第一步	根据 l'在位置，可以判断点三在三棱柱的左棱柱面上
第二步	根据三棱柱的三面投影分析可知，左棱柱面是一个铅垂面
第三步	根据左棱柱面的水平投影有积聚性的特性，水平投影 l 必落在有积聚性的水平投影 $ACFD$ 上
第四步	根据 l 和 l'，求出侧面投影 l''
第五步	由于左棱柱面在侧面投影为可见，所以，l''为可见

(2) 棱锥体的三面投影。

前边左右两个锥面是一般位置平面，后面的锥面是侧平面。左右两条锥线是一般位置直线，前边的锥线是侧平线。三棱锥的地面是水平面，如图 4-6 所示。

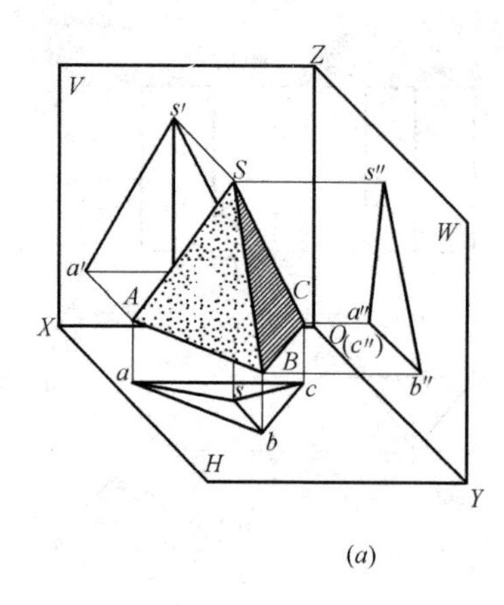

(a)

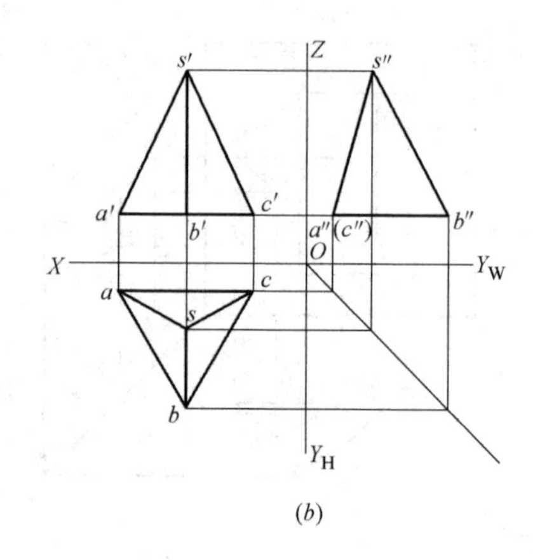

(b)

图 4-6　正三棱锥的三面投影

（3）棱锥体表面上点和直线的投影。

已知三棱锥体表面上一点 E 和直线 MN 的正面投影，如图 4-7（a），可以求得点 E 和直线 MN 的水平投影和侧面投影，具体做法如图 4-7（b）所示，具体步骤见表 4-4。

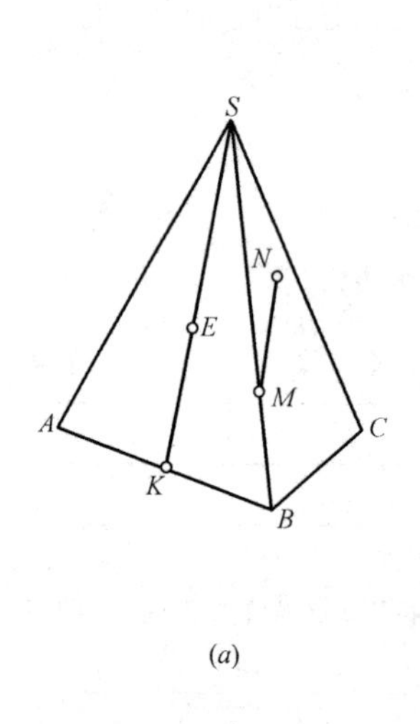

(a)

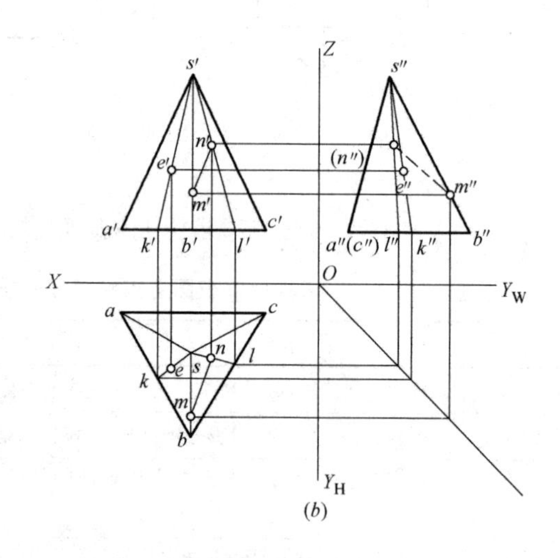

(b)

图 4-7　求三棱锥体表面上点和直线的投影

（4）平面立体投影图的尺寸称注。

平面立体三面投影图的尺寸标注应注意以下几个问题：

1）平面立体应标注各个底面的尺寸和高度。尺寸既要齐全，又不重复。

求三棱锥体表面上点和直线投影的具体步骤 **表 4-4**

步骤	内　　容
第一步	根据 e' 的所在位置，可以判断点 E 在三棱锥的左侧面上
第二步	根据三棱锥的三面投影分析可知，左棱锥面是一般位置平面，可根据点在平面上的投影特性，求点 E 的另外两个投影
第三步	在平面 SAB 上过点 E、S 作以辅助线与 AB 相交于点 K，则 E 在 SK 直线上
第四步	做出 SK 的三面投影 sk、$s'k'$、$s''k''$
第五步	根据点在直线上的投影特性，分别求出 e、e''
第六步	点 E 在三棱锥的 SAB 棱锥面上，SAB 的侧面投影可见，所以点 E 的侧面投影也可见

2）平面立体的底面尺寸应标注在反映实形的投影图上，高度尺寸应标注在正面投影图和侧面投影图之间，见表 4-5。

平面立体的尺寸标注 **表 4-5**

四 棱 柱 体	三 棱 柱 体	四 棱 柱 体
三 棱 锥 体	**五 棱 锥 体**	**四 棱 台**
	ϕ	

5. 通风空调工程平面图

平面图必须反映各设备、风管、风口、水管等安装平面位置与建筑平面之间的相互关系。平面图一般是在建筑专业提供的建筑平面图上，采用正投影法绘制，所绘的系统平面图应包括所有安装需要的平面定位尺寸。空调通风工程平面图按其系统特点一般有风管系统平面图、水管布置平面图、空调机房平面图、冷冻机房平面图等。风管与水管也可以绘制在一个平面图上。

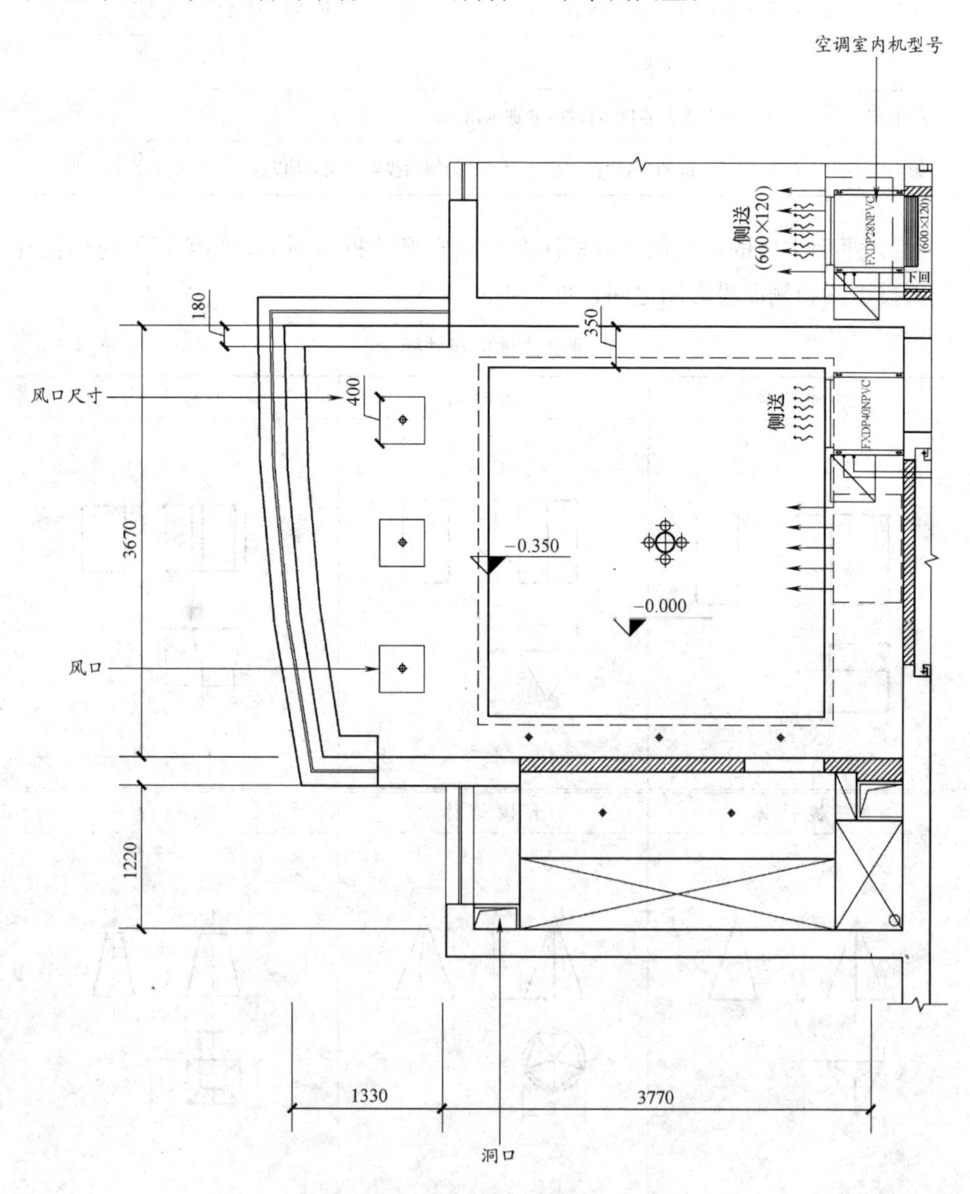

图 4-8 某住宅一层空调平面图（一）部分

二、施工图识读

图 4-8 为某住宅一层中央空调平面图（一）部分，识图时一般将风管和水管平面图对照来看，以帮助理解图纸表达的内容。图 4-1 中标注了空调室内机送风口的位置。另外还标注了空调室内机的型号，如 FXDP28NPVC、FXDP40NPVC。图中还对该房间进行标高标注－0.350mm 和－0.000mm，图中管道尽可能沿走廊布置。

图 4-9 为某住宅一层中央空调平面图（二）部分。识图时一般将风管和水管平面图对照来看，以帮助理解图纸表达的内容。图 4-9 中供、回水管用实线表示，各个管道的布置均已在图中清楚的标明。

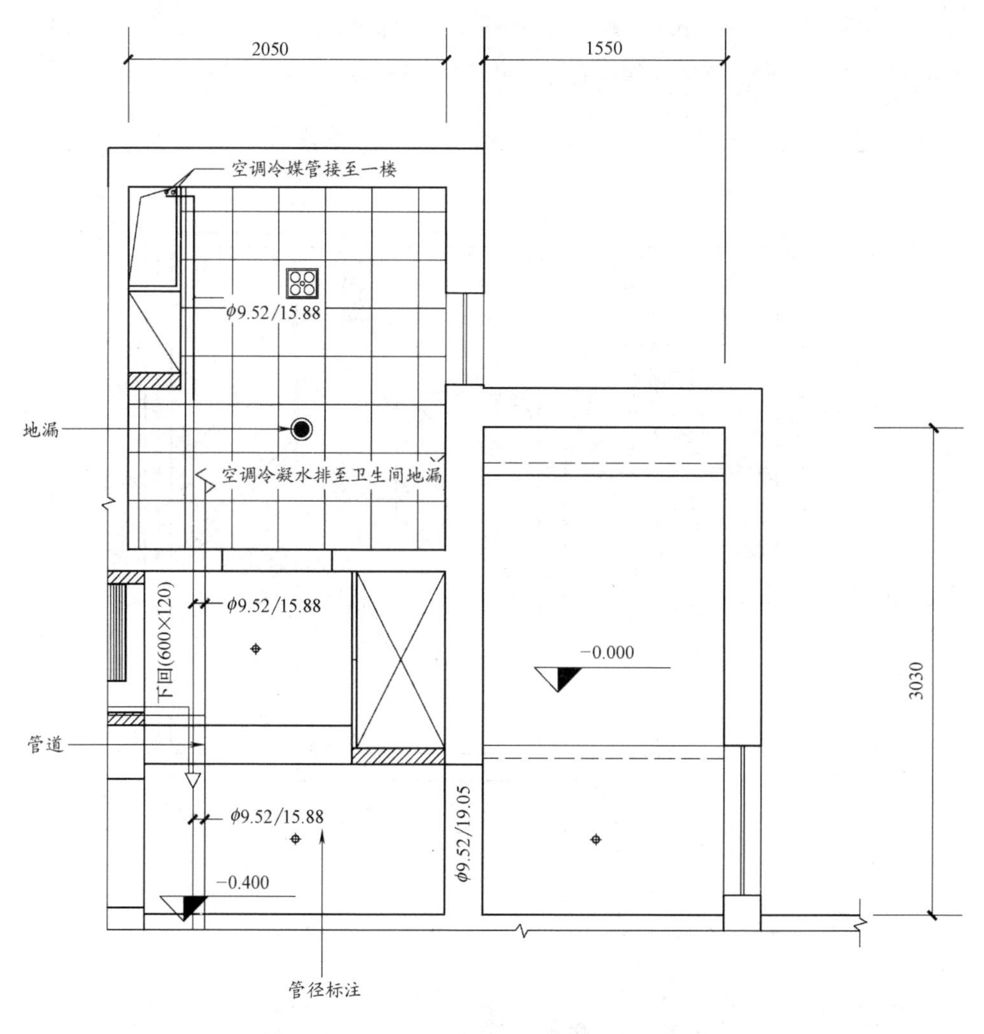

图 4-9 某住宅一层空调平面图（二）部分

图4-9中标注了所有管段的管径、长度，例如从空调冷媒管接至一楼处开始，管道沿走向直径与长度均是ϕ9.52、15.88m。空调室内机型号有FXDP28NPVC、FXDP40NPVC。另外图中还标注了房间标高－0.400mm，百叶窗采用下回风，尺寸为600mm×120mm等。图中管道尽可能沿走廊布置。

图4-10为某住宅一层中央空调平面图（三）部分。识图时一般将风管和水管平面图对照来看，以帮助理解图纸表达的内容。图4-10中供、回水管用实线表示，各个管道的布置均已在图中清楚的标明。

图4-10中标注了所有管段的管径、长度，例如管道沿走向直径与长度是ϕ9.52、15.88m，ϕ6.4、12.7m，ϕ25、ϕ9.52/19.05m。空调室内机型号有FXDP25NPVC，侧送风尺寸为600mm×120mm。另外图中还标注了房间标高－0.300，百叶窗采用下回风，尺寸为600mm×120mm等。管道尽可能沿走廊布置。

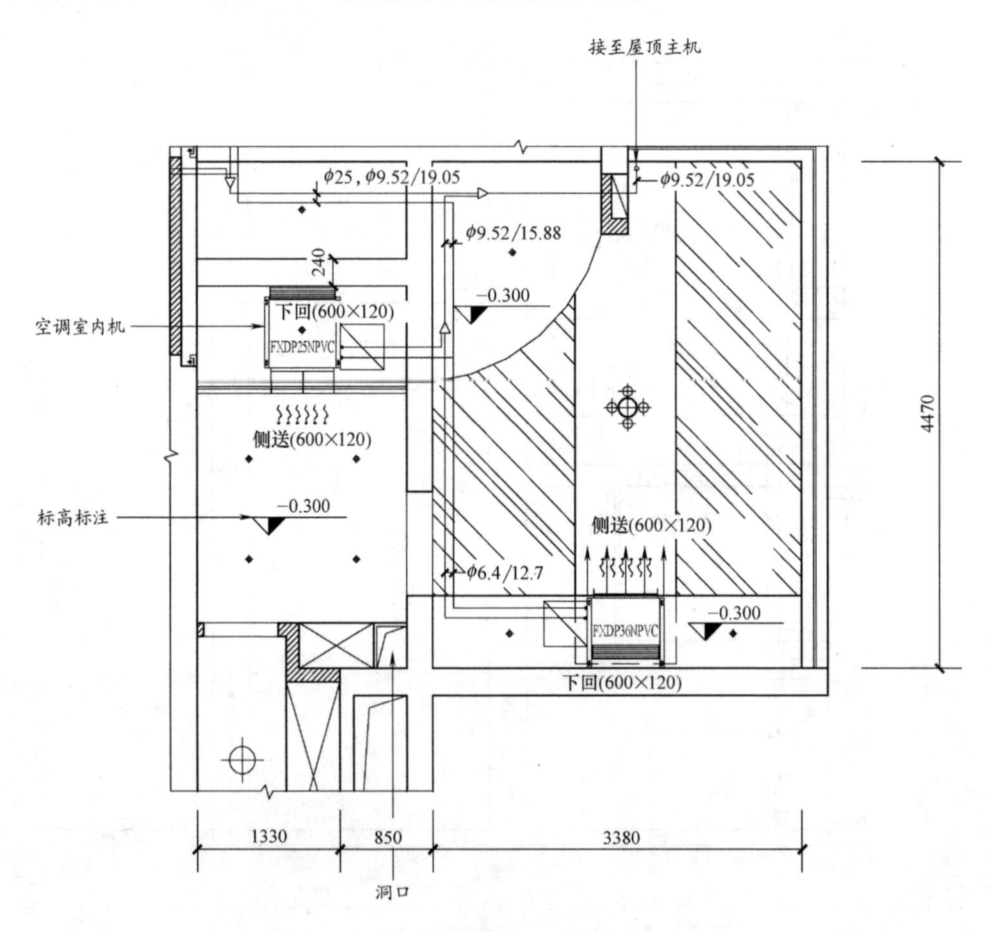

图4-10　某住宅一层空调平面图（三）部分

第5小时

通风系统剖面图识读

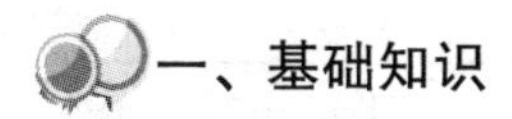

一、基础知识

1. 剖面图的基本概念与画法

在画建筑形体的投影时，形体上不可见的轮廓线在投影图上需用虚线画出。这样，对于内形复杂的建筑物，例如一幢房屋，内部有各种房间、走廊、楼梯、门窗、基础等，如果都用虚线来表示这些看不见的部分，必然形成图面虚实线交错，混淆不清，既不便于标注尺寸，也容易产生差错。长期的生产实践表明，解决这个问题的好办法，是假想将形体剖开，让它的内部构造显露出来，使形体看不见的部分变成了看得见的部分，然后用实线画出这些内部构造的投影图。

必须注意，由于剖切是假想的，所以只在画剖面图时，才假想将形体切去一部分。在画另一个投影时，则应按完整的形体画出。

形体剖开之后，都有一个截口，即截交线围成的平面图形，称为断面。在剖面图中，规定要在断面上画出建筑材料图例，以区分断面（剖到的）和非断面（看到的）部分。各种建筑材料图例必须遵照“国标”规定的画法（如所画的是钢筋混凝土图例）。由于画出材料图例，所以在剖面图中还可以知道建筑物是用什么材料做成的。在不指明材料时，可以用等间距、同方向的 45°细斜线来表示断面。

作剖面图时，一般都使剖切平面平行于基本投影面，从而使断面的投影反映实形。同时，要使剖切平面尽量通过形体上的孔、洞、槽等隐蔽形体的中心线，将形体内部尽量表示清楚。剖切平面平行于 V 面时，作出的剖面图称为正立剖面图，可以用来代替原来带虚线的正立面图；剖切平面平行于 W 面时，所作的剖面图称为侧立剖面图，也可以用来代替侧立面图。

2. 通风空调工程剖面图

剖面图是为说明平面图难以表达的内容而绘制的，与平面图相同采用正投影法绘制。常见的有空调通风系统剖面图、空调机房剖面图、冷冻机房剖面图等，经常用于说明立管复杂、部件多以及设备、管道、风口等纵横交错的情况。平面图、系统轴测图上能表达清楚的可不绘制剖面图，剖面图与平面图在同一张图上时，应将剖面图位于平面图的上方或右上方。

3. 剖面图的处理方式

画剖面图时，针对建筑形体的不同特点和要求，有以下几种处理方式，具体见表5-1。

剖面图的处理方式 **表5-1**

项　目	内　容
全剖面	不对称的建筑形体，或虽然对称但外形比较简单，或在另一个投影中已将它的外形表达清楚时，可假想用一个剖切平面将形体全部剖开，然后画出形体的剖面图。这种剖面图称为全剖面
阶梯剖面	一个剖切平面，若不能将形体上需要表达的内部构造一齐剖开时，可将剖切平面转折成两个相互平行的平面，将形体沿着需要表达的地方剖开，然后画出剖面图
局部剖面	当建筑形体的外形比较复杂，完全剖开后就无法表示清楚它的外形时，可以保留原投影图的大部分，而只将局部地方画成剖面图。在不影响外形表达的情况下，将杯形基础水平投影的一个角落画成剖面图，表示基础内部钢筋的配置情况。这种剖面图，称为局部剖面。按“国标”规定，投影图与局部剖面之间，要用徒手画的波浪线分界
半剖面	当建筑形体是左右对称或前后对称，而外形又比较复杂时，可以画出由半个外形正投影图和半个剖面图拼成的图形，以同时表示形体的外形和内部构造。这种剖面称为半剖面
旋转剖面	对称形体的旋转剖面，实际上是一个由两个不同位置的半剖面并成的全剖面

4. 通风系统剖面图

通风系统剖面图表示通风管道、通风设备及各种部件竖向的连接情况和有关尺寸，主要有以下内容：

(1) 用双线表示的风道、设备、各种零部件的竖向位置尺寸和有关工艺设备的位置尺寸，相应的编号尺寸应与平面图对应。

(2) 注明风道直径（或截面尺寸），风管标高（圆管标中心，矩形管标管底边），送、排风口的形式、尺寸、标高和空气流向等。

5. 剖面图的标注

为了读图方便，需要用剖面的剖切符号把所画的剖面图的剖切位置和剖视方向，在投影图上表示出来，同时，还要给每一个剖面图加上编号，以免产生混乱。对剖面图的标注方法有以下规定：

（1）剖切位置线表示剖切平面的剖切位置。剖切位置线实质上就是剖切平面的积聚投影。不过规定它只用两小段粗实线（长度为6～10mm）表示，并且不宜与图面上的图线相接触。

（2）剖切后的剖视方向用垂直于剖切位置线的短粗线（长度为4～6mm）来表示，如画在剖切位置线的左边表示向左边投影。

（3）剖切符号的编号，宜采用阿拉伯数字，按顺序由左至右，由下至上连续编排，并注写在剖视方向线的端部。如剖切位置线需转折时，在转折处如与其他图线发生混淆，应在转角的外侧加注与该符号相同的编号，如图5-1所示。

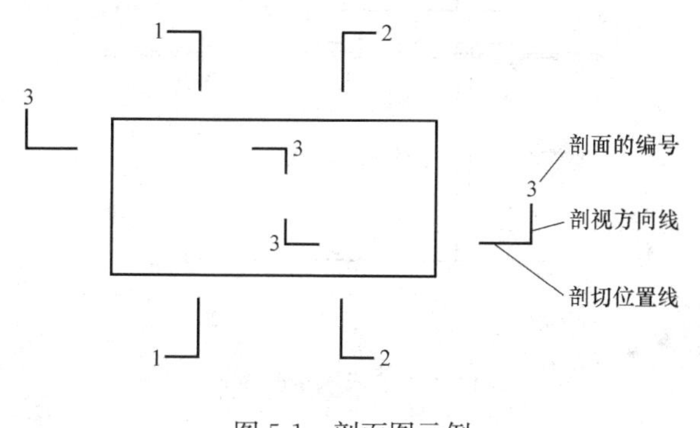

图5-1 剖面图示例

（4）剖面图如与被剖切图样不在一张图纸内，可在剖切位置线的另一侧注明其所在图纸的图纸号。

（5）对习惯使用的剖面符号（如画房屋平面图时，通过门、窗洞的剖切位置），以及通过构件对称平面的剖切符号，可以不在图上作任何标注。

（6）在剖面图的下方或一侧，写上与该图相对应的剖切符号的编号，作为该图的图名，如“1-1”、“2-2”……并应在图名下方画上一条等长的粗实线。

二、施工图识读

图5-2是某通风系统剖面图，从图中可以看出，空调系统沿顶棚安装，风管距梁底300mm，送风管、回风管高度均为450mm。接送风管的宽度为500mm，接回风管的宽度为800mm。送风管距墙300mm，与墙平行布置。中间大盘管型号为MH-504，回风管伸出墙体900mm。静压箱长度为1510mm，高度

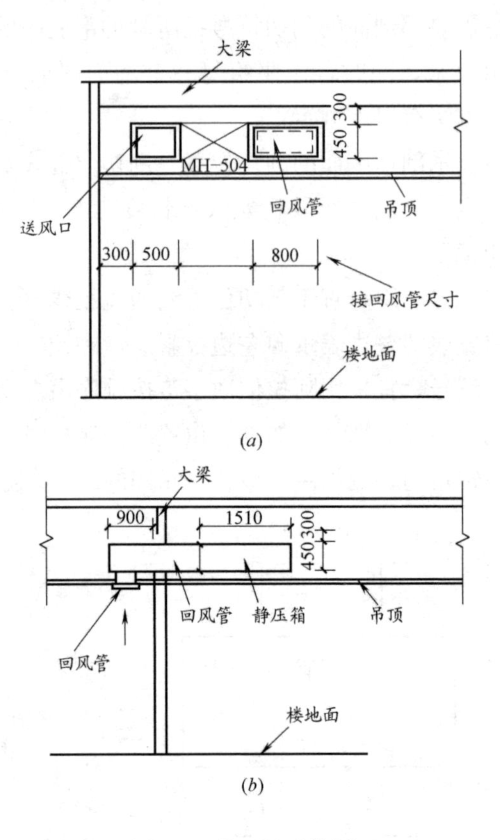

图 5-2　某通风系统剖面

为 450mm。

另外还应查找水系统水平水管、风系统水平风管、设备、部件在竖直方向的布置尺寸与标高、管道的坡度与坡向，以及该建筑房屋地面和楼面的标高，设备、管道距该层楼地面的尺寸。查找水管、风管及末端装置的规格型号。查找设备的规格型号及其与水管、风管之间在高度方向上的连接情况。

第6小时

大厦空调机房剖面图识读

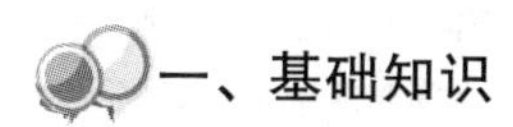

一、基础知识

1. 剖面图

剖面图一般由空调系统剖面图和空调机房剖面图组成。其各自包含的内容见表 6-1。

剖面图内容　　表 6-1

项　目	内　容
空调系统剖面图	(1)对应于平面图的风道、设备、零部件的位置尺寸和有关工艺设备的位置尺寸 (2)风道直径，风管标高，送、排风口的形式、标高、尺寸和空气流向，设备中心标高，风管穿出屋面的标高，风帽标高
空调机房剖面图	(1)对应于平面图的通风机、过滤器、加热器、表冷器、喷水室、消声器、回风口及各种阀门部件的位置尺寸 (2)设备中心标高、基础表面标高 (3)风管、给排水管、冷热管道的标高

2. 机房空调的组成

机房空调主要由六部分组成，见表 6-2。

机房空调组成　　表 6-2

组　成	内　容
控制监测系统	控制系统通过控制器显示空气的温、湿度，空调机组的工作状态，分析各传感器反馈回来的信号，对机组各功能项发出工作指令，达到控制空气温、湿度的目的

续表

组　成	内　　容
通风系统	机组内的各项功能(制冷、除湿、加热、加湿等)对机房内空气进行处理时,均需要空气流动来完成热、湿的交换,机房内气体还需保持一定流速,防止尘埃沉积,并及时将悬浮于空气中的尘埃滤除掉
制冷循环及除湿系统	采用蒸发压缩式制冷循环系统,它是利用制冷剂蒸发时吸收汽化潜热来制冷的,制冷剂是空调制冷系统中实现制冷循环的工作介质,它的临界温度会随着压力的增加而升高,利用这个特点,先将制冷剂气体利用压缩机做功压缩成高温高压气体,再送到冷凝器里,在高压下冷却,气体会在较高的温度下散热冷凝成液体,高压的制冷剂液体通过一个节流装置,使压力迅速下降后到达蒸发器内在较低的压力温度下沸腾 构成基本的制冷系统主要有四大部件:压缩机、蒸发器、冷凝器、膨胀阀 除湿系统一般利用其本身的制冷循环系统,采用在相同制冷量情况下减
加湿系统	通过电极加湿罐来实现
加热系统	加热做为热量补偿,大多采用电热管形式
水冷机组水(乙二醇)循环系统	水冷机组的冷凝器设在机组内部,循环水通过热交换器,将制冷剂汽体冷却凝结成液体,因水的比热容很大,所以冷凝热交换器体积不大,可根据不同的回水温度调节压力控制三通阀(或电动控制阀控制通过热交换器的水量来控制冷凝压力) 循环水的动力是由水泵提供的,被加热后的水有几种冷却方式。较常用的是干冷器冷却,即将水送到密闭的干冷器盘管内,靠风机冷却后返回,干冷器工作稳定、可靠性高,但需要有一个较大体积的冷却盘管和风机。还有一种是开放的冷却方式,即将水送到冷却水塔喷淋靠水分本身蒸发散热后返回,这种方式需不断向系统内补充水,并要求对水进行软化,空气中的尘土等杂物也会进入系统中,严重时会堵塞管路,影响传热效果,因此还需定期除污

3. 剖面图与剖视图的区别

剖面图就是断面图、截面图，它与剖视图的区别有两处：

(1) 视图上的符号：剖面图为 A-A，剖视图 A-A 之外还有箭头，说明剖视的方向。也就是说，剖面图没有方向。而剖视图是需要分清从哪个方向“视”的。

(2) 剖面图看不到背后的物体，剖视图除了这个面以外，后边的物体都应该画出来。也就是说，剖面图的剖面线是全部都有的，剖视图是在当前的面上有剖面线，剖面之后的物体不能被剖切的。

剖面图是物体在剖切面上的图形加上剖面线，有移出剖面和重合剖面，只画

断面形状。剖视图就是一个视图，只不过在要体现物体内部形状的地方剖切开来，加上轮廓线和剖面线，有半剖、全剖和局剖，必须画出断面后能看见的轮廓的所有投影。也可以说剖视图中包含剖面图；而剖面只体现剖切面轮廓，不能有其他多余线条。

4. 通风空调工程剖面图识读

选择表达清楚的位置剖，用左视图和上视图。

（1）查明系统风管、水管、设备、部件在竖直方向的布置与标高。

（2）查明设备与风管、水管之间在竖直方向连接及其规格型号。

（3）查明末端位置的种类、型号规格、尺寸，并与平面图对照。

二、施工图识读

图 6-1 是某大厦空调机房剖面图，用于表达新风机组的安装和配管情况。新风由右侧的新风道引入，经新风机组处理后送出。供回水管从左侧进入后，与新风机组的盘管相连接，进水口在下而出水口在上，机组底部还连接了凝水管。水平供回水管末端均安装了自动排气阀，垂直供回水管末端均安装了泄水丝堵。垂直供水管上依次安装了截止阀、Y 形过滤器、压力计和温度计，垂直回水管上依次安装了截止阀、流量调节阀、压力计和温度计。图中还给出了管道的截面尺寸、消声器尺寸、新风机组的定位尺寸以及主要管道的安装标高。

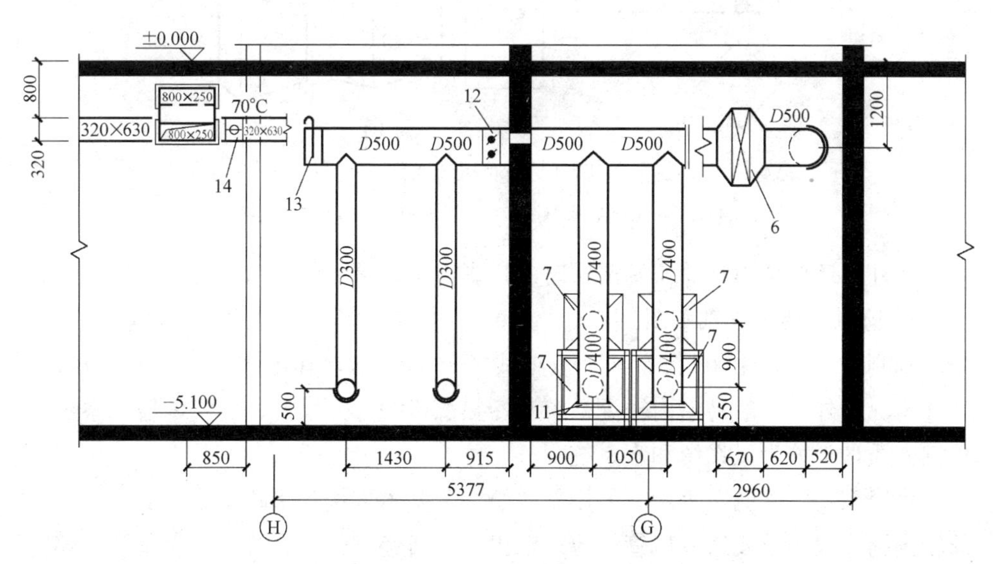

图 6-1　某大厦空调机房剖面图

第7小时

空调工程集中送风系统轴测图识读

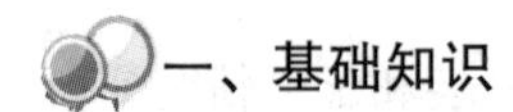

一、基础知识

1. 轴测投影的选择

在选择轴测图类型时，应注意形体上的侧面和棱线尽量避免被遮挡、重合、积聚以及对称，否则轴测图将失去丰富的立体效果，如图 7-1 所示。

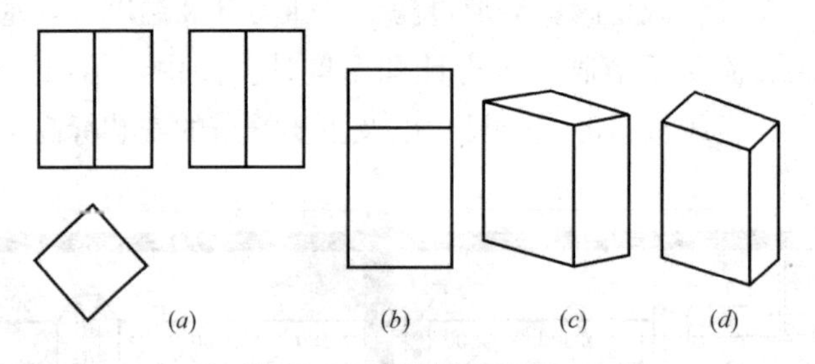

图 7-1　轴测图的选择

(*a*) 投影图；(*b*) 正等测图；(*c*) 正二测图；(*d*) 斜二测图

此外，还要考虑选择作轴测图时的投影方向。常用的方向如图 7-2 所示。

2. 通风空调工程轴测图

轴测图一般采用 45°投影法，以单线按比例绘制，其比例应与平面图相符，特殊情况除外。一般将室内输配系统与冷热源机房分开绘制；而室内输配系统又根据介质种类分为风系统和水系统。

水管系统的轴测图表示一般用单线绘制，基本方法和采暖系统相似。风系统的轴测图一般用单线绘制风管，应表示出空气所经过的所有管道、设备及全部构件，并标注设备与构件名称或编号。将平面图与轴测图一起识图，能帮助理解空调系统水管、风管的走向及其与设备的关联。

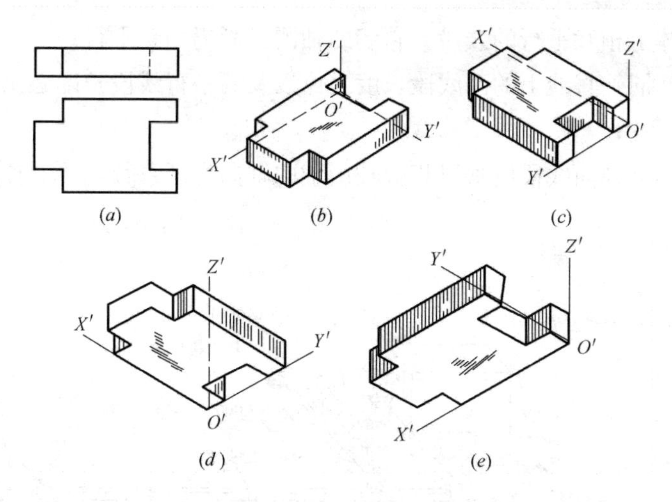

图 7-2　形体的四种投影方向

（a）投影面；（b）从左、前、上方向右、后、下方投影；（c）从右、前、上方向左、后、下方投影；（d）从左、前、下方向右、后、上方投影；（e）从右、前、下方向左、后、上方投影

3. 轴测图的形成

轴测投影属于平行投影的一种。

将形体连同确定其空间位置的直角坐标系，用平行投影法，沿 S 方向投射到选定的一个投影面上 P，所得到的投影称为轴测投影。用这种画法画出的图，称为轴测投影图，简称轴测图，如图 7-3 所示。

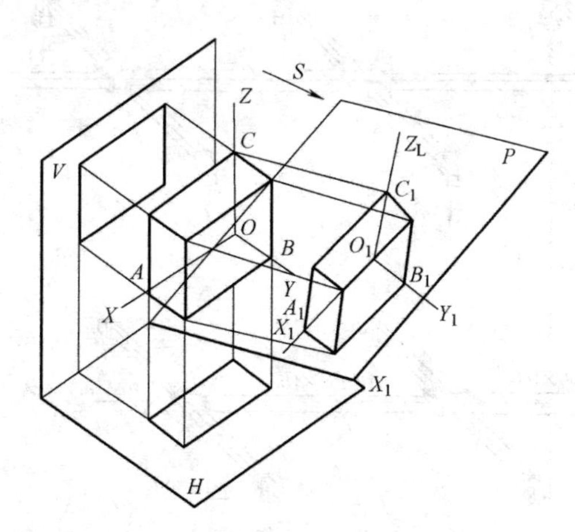

图 7-3　轴测图示意图

4. 轴测图基本性质

轴测投影是在单一投影面上获得的平行投影，它具有平行投影的一切性质。

(1) 形体上与坐标轴平行的线段，其轴测投影仍与相应的轴测轴平行；

（2）形体上相互平行的线段，它们的轴测投影仍相互平行；

（3）空间同一直线上的两线段长度之比以及两平行线段长度之比，在轴测投影中仍保持不变；

（4）形体上轴向线段应乘以相应轴测轴的轴向变形系数，再沿轴测轴方向度量其长度；

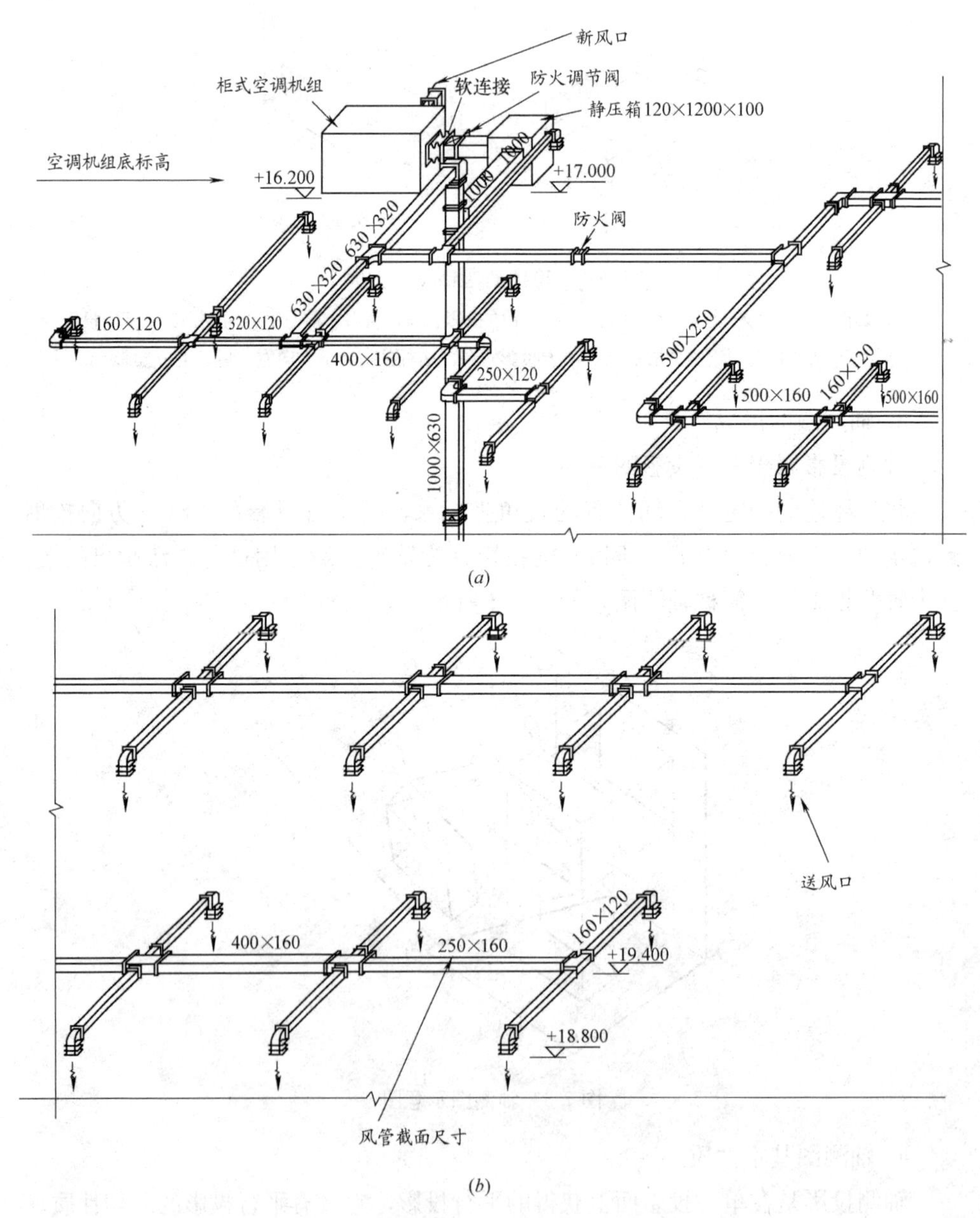

图 7-4　某空调工程集中送风系统轴测图（一）部分

（5）形体上不平行于坐标轴的线段，在轴测图中可用坐标法确定其两端点的位置，从而作出该线段的轴测投影。

二、施工图识读

图 7-4 所示为某空调工程集中送风系统轴测图（一）部分，包括了风管、新风口、送风口、阀门等风系统的所有部件，标注了风管的截面尺寸（160mm×120mm、632mm×320mm、400mm×160mm、250mm×120mm、500mm×250mm、500mm×160mm）和标高（+16.200、+17.000、+19.400、+18.800m）以及主要设备的编号。从图中可以看出整个送风系统的流程：室外空气从进风口引入风机

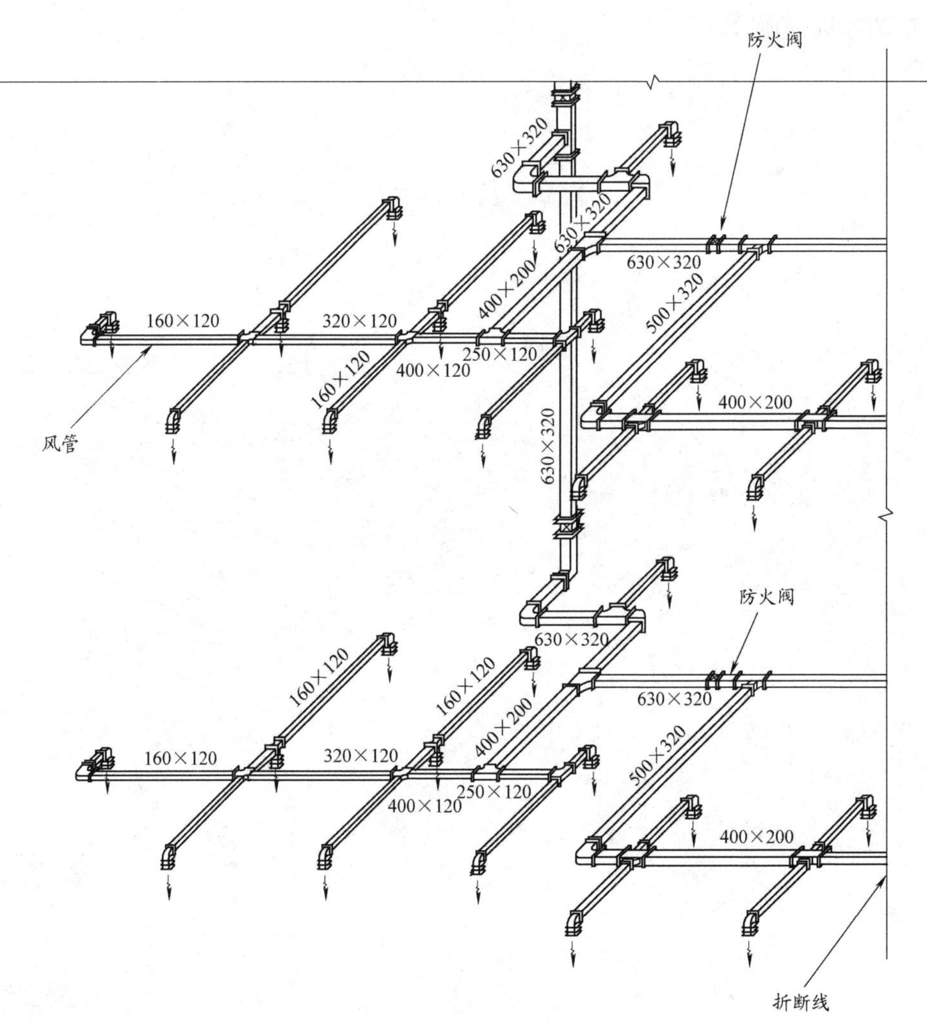

图 7-5　某空调工程集中送风系统轴测图（二）部分

组，风量通过电动风量调节阀进行控制，新风经机组过滤和热湿处理后通过送风管输配到室内，每间客房设置一个双层百叶送风口进行侧送，电梯间设置一个方形散流器进行顶送。

图7-5所示为某空调工程集中送风系统轴测图（二）部分，包括了风管、送风口、阀门等风系统的所有部件，标注了风管的截面尺寸（400mm×120mm、160mm×120mm、320mm×120mm、630mm×320mm、400mm×200mm）和主要设备的编号。从图中可以看出送风系统的流程：室外空气从进风口引入风机组，风量通过电动风量调节阀进行控制，新风经机组过滤和热湿处理后通过送风管输配到室内，每间客房设置一个双层百叶送风口进行侧送，电梯间设置一个方形散流器进行顶送。

第8小时

空调工程冷冻机房轴测图识读

一、基础知识

1. 系统图（轴测图）

系统轴测图采用的是三维坐标，如图 8-1 所示。它的作用是从总体上表明所讨论的系统构成情况及各种尺寸、型号和数量等。

系统图上包括该系统中设备、配件的型号、尺寸、定位尺寸、数量以及连接各设备之间的管道在空间的曲折、交叉、走向和尺寸、定位尺寸等。系统图上还应注明该系统的编号。

系统图可用单线绘制，也可用双线绘制。

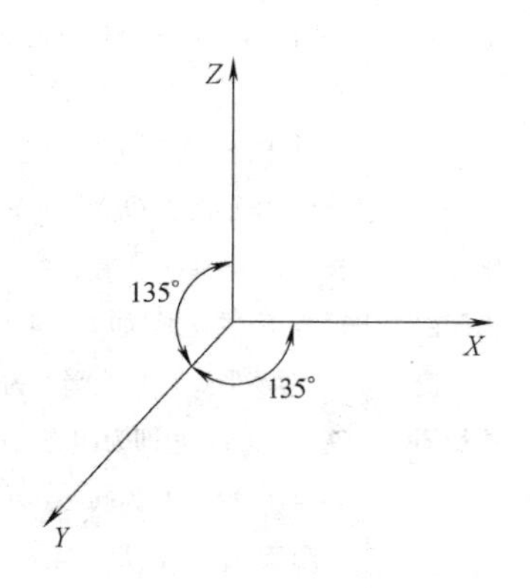

图 8-1　系统轴测图中的三维坐标

2. 轴测投影图

轴测投影图，见表 8-1。

投影面倾斜线的实长与倾角　　表 8-1

项目	内　容
正轴测投影图	正等测投影图(简称正等测图)的轴间角均为 120°。一般将 O_1Z_1 轴铅直放置，O_1X_1 和 O_1Y_1 轴分别与水平线成 30°角，如图 8-2 所示 正等测投影图中各轴向变形系数的平方和等于 2，由此可得 $p=q=R\approx0.82$，为了作图方便，常把轴向变形系数取为 1，这样画出的正等测图各轴向尺寸将比实际情况大 1.22 倍 作形体的正等测投影图，最基本的画法为坐标法，即根据形体上各特征点的 X、Y、Z 坐标，求出各点的轴测投影，然后连成形体表面的轮廓线

续表

项目	内　　容
斜轴测投影图	斜轴测投影图包括正面斜二测和水平斜等测 (1)正面斜二测 根据平行投影的特性，正面斜二测中，轴间角为$\angle X_1O_1Z_1=90°$，平行于 X_1 轴、Z_1 轴的线段其轴向变形系数 $P=R=1$，即轴测投影长度不变，另外两个轴间角均为 135°，沿 Y_1 轴方向的轴向变形系数 $q=1/2$，如图 8-3 所示 (2)水平斜等测 水平斜等测，轴间角$\angle X_1O_1Y_1=90°$，形体上水平面的轴测投影反映实形，即 $P=q=1$，习惯上，仍将 O_1Z_1 轴铅直放置，取$\angle Z_1O_1X_1=120°$，$\angle Z_1O_1Y_1=150°$，沿 Z_1 轴的轴向变形系数 R 仍取 1，如图 8-4 所示 水平斜等测，适宜绘制建筑物的水平剖面图或总平面图。它可以反映建筑物的内部布置、总体布局及各部位的实际高度
坐标平面圆的正等测投影图	在轴测投影图中，由于各坐标平面均倾斜于轴测投影面，所以平行于坐标平面圆的正等测图都是椭圆 图 8-5 平行于坐标平面圆的正等测图，都是大小相同的椭圆，作图时可采用近似方法—四心法，椭圆由四段圆弧组成。现以水平圆为例，介绍其正等测投影图的画法 (1)图 8-6(a)，为半径是 R 的水平圆 (2)作轴测轴 O_1X_1、O_1Y_1 分别与水平线成 30°角，以 O_1 为中心，沿轴测轴向两侧截取半径长度 R，得到四个端点 A_1、B_1、C_1、D_1，然后，过 A_1、B_1 作 Y_1 轴平行线，过 C_1、D_1 作 X_1 轴平行线，完成菱形，如图 8-6(b)所示 (3)菱形短对角线端点为 O_2、O_3，连接 O_2A_1、O_3D_1 分别交菱形长向对角线于 O_4、O_5 点，O_2、O_3、O_4、O_5 即为四心法中的四心，如图 8-6(c)所示 (4)以 O_2、O_3 为圆心，O_2A_1 为半径，画圆弧 A_1D_1、C_1B_1，以 O_4、O_5 为圆心，O_4A_1 为半径，画圆弧 A_1C_1、B_1D_1，四段圆弧两两相切，切点分别为 A_1、D_1、B_1、C_1。完成近似椭圆，如图 8-6(d)所示 如果求铅直圆柱的正等测投影图，可按上述步骤画出圆柱顶面圆的轴测图，然后按圆柱的高度平移圆心，即可得到圆柱的正等轴测图画法，如图 8-7 所示。平面图中圆角的正等轴测图画法，如图 8-8 所示

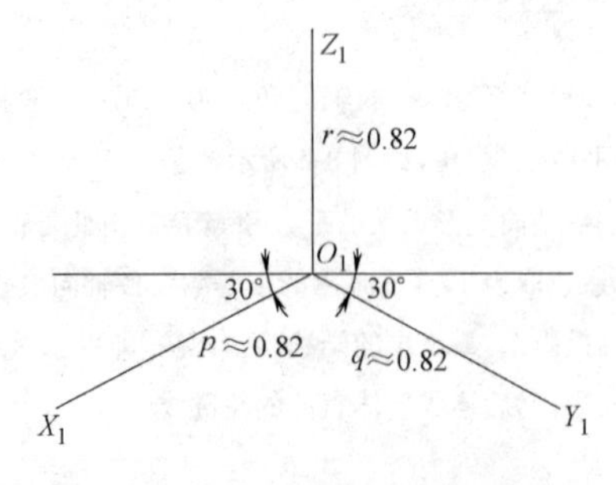

图 8-2　轴间角及轴向变形系数

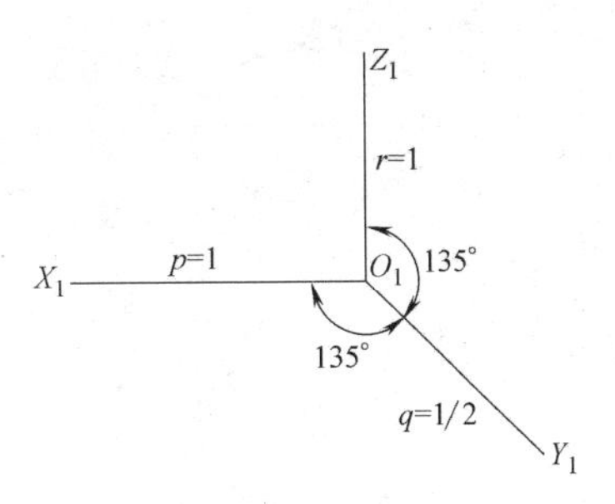

图 8-3　正面斜二测轴间角和轴向变形系

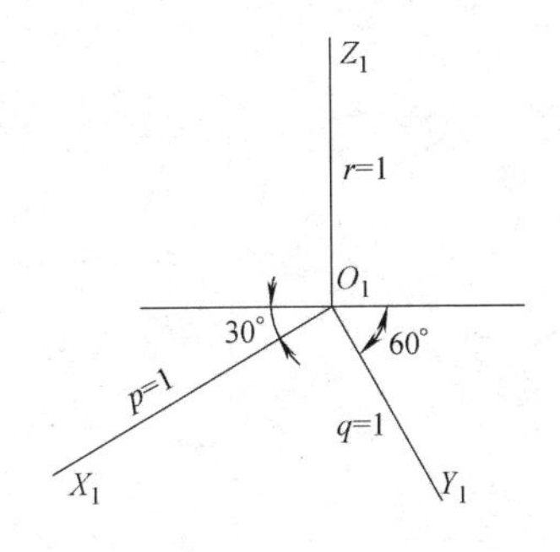

图 8-4　水平斜等测轴间角及轴向变形系数

图 8-5　平行于坐标平面圆的正等测图

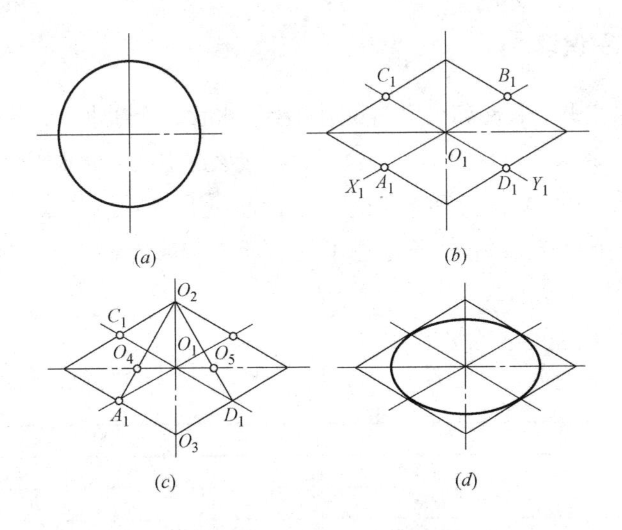

图 8-6　圆的正等测图近似画法

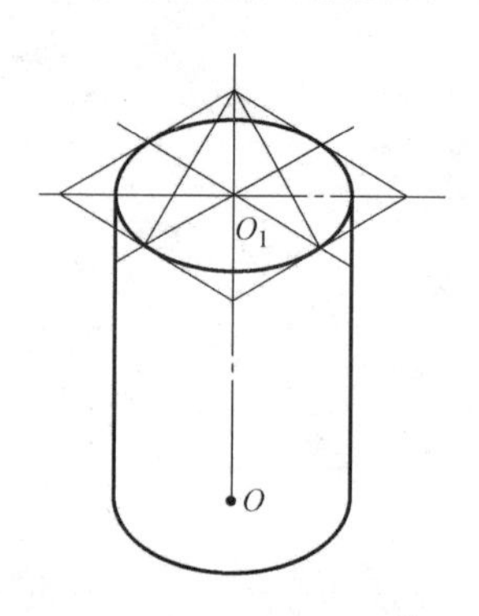

图 8-7　圆柱正等轴测图画法

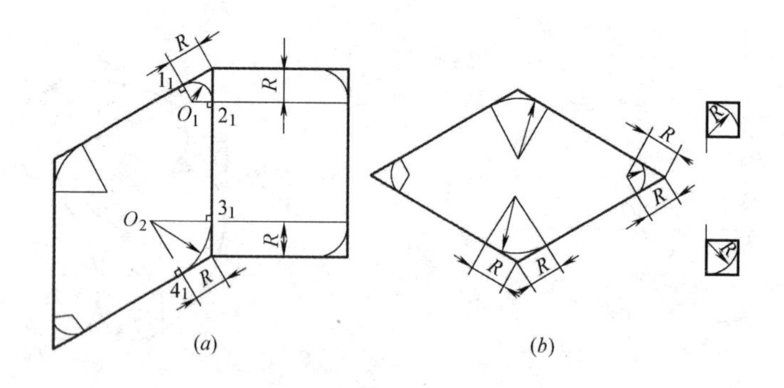

图 8-8　圆角正等轴测图画法

(*a*) 侧平面圆角的近似画法；(*b*) 水平面圆角的近似画法

二、施工图识读

图 8-9 是某空调工程冷冻机房轴测图，凝结水管、冷却水管、蒸汽管道均在图中已标出。供、回水立管从中间引入该层后，接该层空调供回水干管，其后水系统为风机组供水。沿着水流动方向标注了各管段的管径（*DN*150、*DN*125、*DN*100)、坡向（0.003)，另外还标注了管道所在位置标高，＋4.800、＋4.400、＋4.000、＋3.600m 等。

图中各编号代表的名称见表 8-2。

编号名称　　表 8-2

编　号	名　称	编　号	名　称
1	制冷机	5	冷却塔
2	冷却水泵	6	电子水处理仪
3	冷冻水泵	7	组合式空调器
4	新风机组	8	门厅静压箱

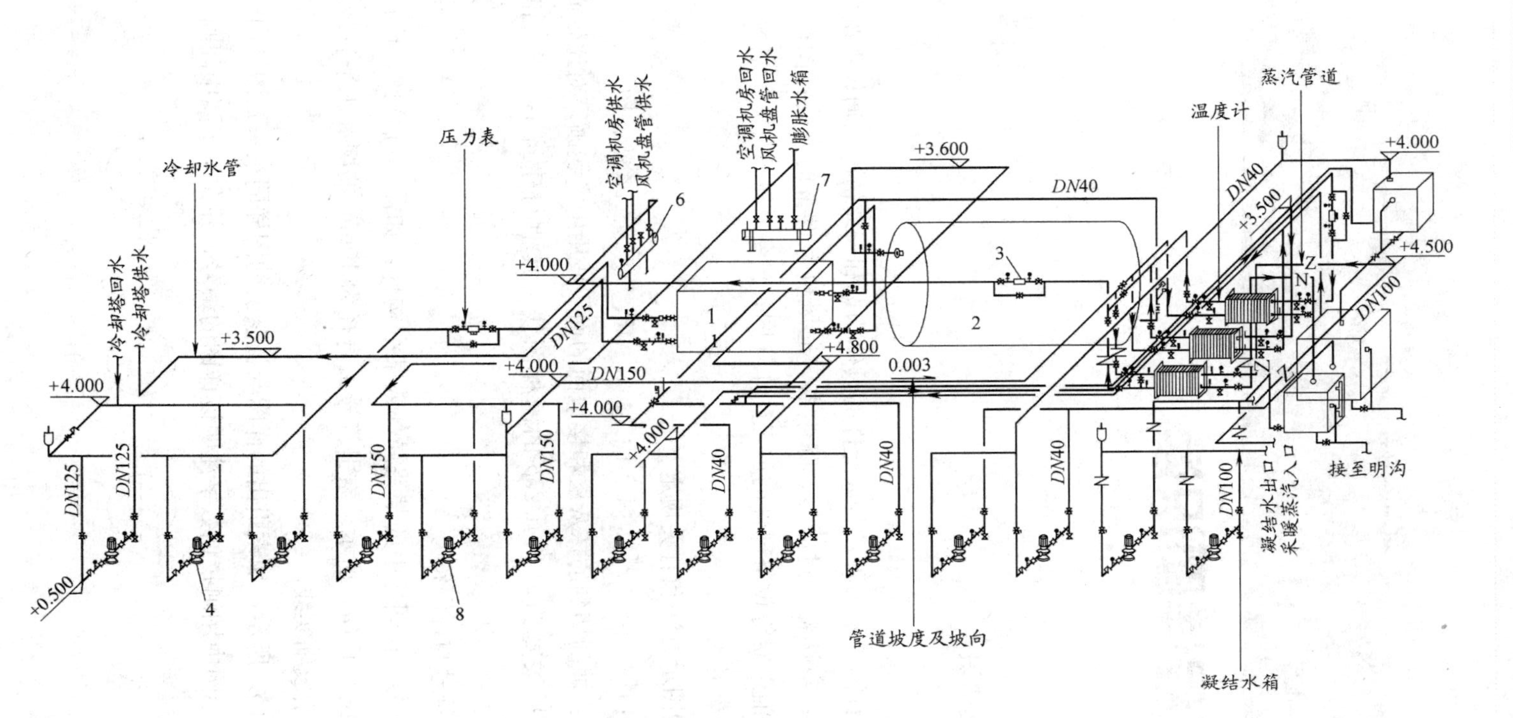

图 8-9　某空调冷冻机房轴测图

第9小时

通风工程详图识读

一、基础知识

1. 概述

通风系统详图表示各种设备或配件的具体构造和安装情况。通风系统详图较多，一般包括：空调器、过滤器、除尘器、通风机等设备的安装详图；各种阀门、检查门、消声器等设备部件的加工制作详图；设备基础详图等。各种详图大多有标准图供选用。

2. 详图的图示方法和有关规定

（1）比例：1∶1、1∶2、1∶5、1∶10、1∶15、1∶20、1∶25、1∶30、1∶50。

（2）图线：被剖切到的抹灰层和楼地面的面层线用中实线画。对比较简单的详图，可只采用线宽为 b 和 0.25b 的两种图线。其他与建筑平、立、剖面图相同。

（3）索引符号与详图符号。

1）索引符号：在图样中的某一局部或某个构件，如需另画详图，应以索引符号索引，如图 9-1（a）所示。索引符号由直径为 10mm 的圆和水平直线组成，圆及水平直线绘成细实线。

如图 9-1（b）所示，如索引出的详图与被索引的图样同在一张图纸内，应在索引符号的上半圆中用阿拉伯数字注明该详图的编号，并在下半圆中间画一段水

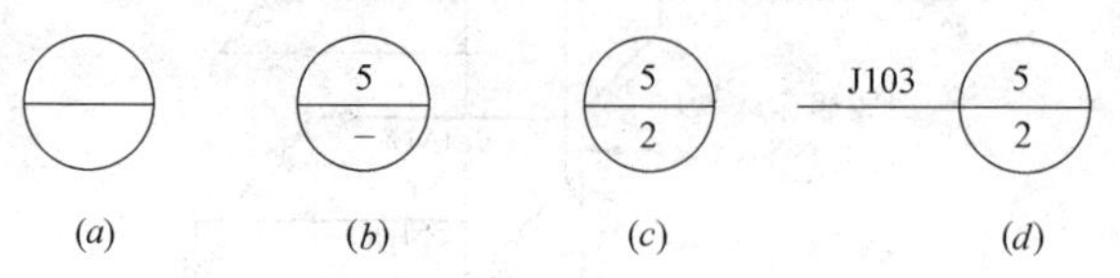

图 9-1　索引符号

平细实线。

如图 9-1（*c*）所示，如索引出的详图与被索引的图样不在同一张图纸内，应在索引符号的上、下半圆中各用阿拉伯数字注明该详图的编号和该索引的详图所在图纸的编号。数字较多时，可加文字标注。

如图 9-1（*d*）所示，如索引出的详图采用标准图，应在索引符号水平直线的延长线上加注该标准图册的编号。

2）索引局部剖面图详图的索引符号：索引符号如用于索引剖面详图，应在被剖切的部位绘制剖切位置线，并以引出线引出索引符号，引出线所在的一侧应为剖视方向，如图 9-2 所示。索引符号的编写符合图 9-1 的规定。

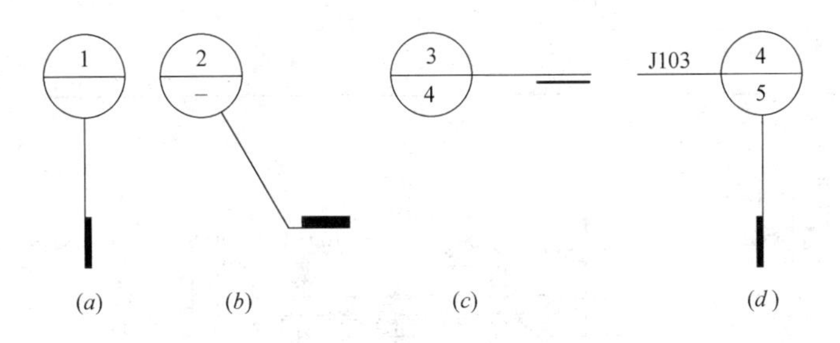

图 9-2 用于索引剖面图的索引符号

3）详图符号：详图符号以直径为 14mm 的粗实线圆绘制。

详图与被索引的图样同在一张图纸内时，应在详图符号内用阿拉伯数字注明详图的编号，如图 9-3（*a*）所示。

详图与被索引的图样，如不在同一张图纸内，可用细实线在详图符号内画一水平直径，在上半圆中注明详图编号，在下半圆注明被索引图纸的图纸号，如图 9-3（*b*）所示。

图 9-3 详图符号

二、施工图识读

图 9-4 是矩形送风口安装图，矩形送风口安装图应注意四点：

（1）本图适用于单面及双面送风口。其材料明细表是以单面送风口计算的。

（2）A 为风管高度，B 为风管宽度，按设计图中决定。

（3）C 为送风口的高度，n 为送风口的格数，按设计图中决定（$n \leqslant 9$）。

（4）送风口的两壁可在钢板上按 $2C$ 宽度将中间剪开，扳起 60°角而得。

各个编号代表的部件名称见表 9-1。

部件名称 **表 9-1**

编　号	名　称	编　号	名　称
1	隔板	5	六角螺栓
2	端板	6	垫圈
3	插板	7	垫板
4	翼型螺母	8	铆钉

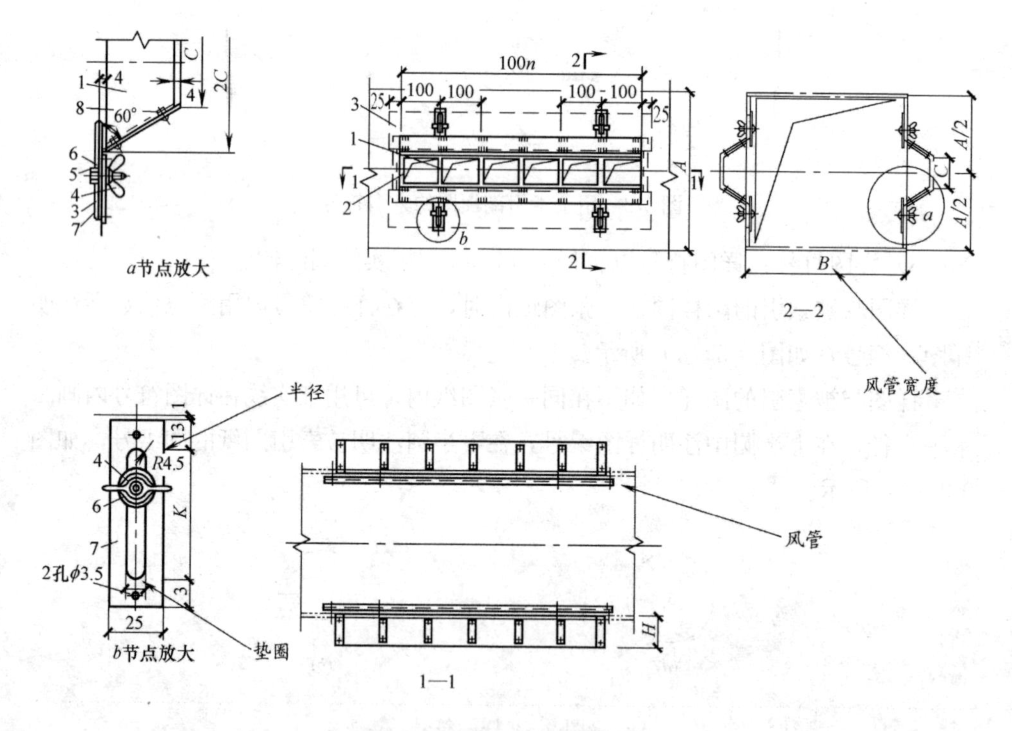

图 9-4　矩形送风口安装图

图 9-5 是圆形水平风管止回阀安装图，圆形水平风管止回阀安装图应注意四点：

（1）法兰螺栓孔安装时与风管法兰配钻。

（2）件号 11 的弯头，根据设计需要可置于视图右面。

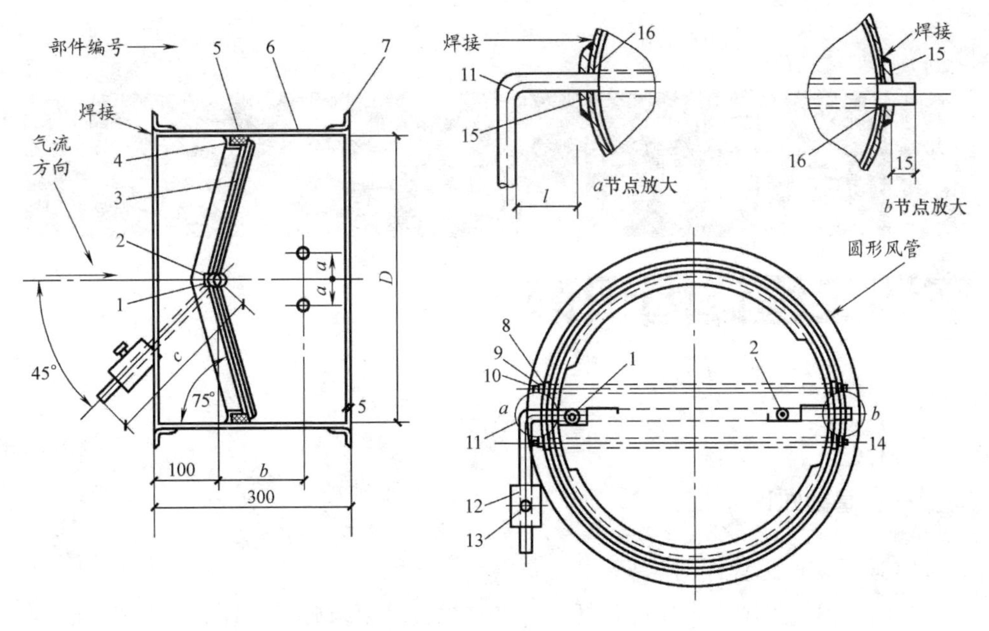

图 9-5　圆形水平风管止回阀安装图

注：各部件名称见表 9-2。

(3) 件号 11 上两个螺孔在安装时与上阀板配钻后攻丝。

(4) 件号 12 的位置调整到使件号 3 与件号 5 压紧（但不可过紧）。

各个编号代表的部件名称见表 9-2。

部件名称　　**表 9-2**

编　　号	名　　称	编　　号	名　　称
1	螺钉	9	垫圈
2	垫圈	10	螺母
3	阀板	11	弯轴
4	挡圈	12	坠锤
5	密封圈	13	螺栓
6	短管	14	双头螺管
7	法兰	15	垫板
8	橡皮圈	16	垫圈

第10小时

空调工程详图识读

一、基础知识

1. 通风空调工程详图

空调工程施工图中，还应包括设计者根据设计要求确定的且又无现成产品的空调机组配置图，空调系统选用标准形式产品的空调机组不需配置图，绘制配置图的目的是为了让施工单位根据配置图所确定的机组各功能段要求采购空调机组，并作为生产厂家生产非标机组的技术条件。根据这一目的，空调机组配置图中应明确机组内各功能段名称、容量、长度等特征参数，表明机组外壳尺寸，还应给出机组制作的技术要求，如材料、密封形式等。此外，还有风机盘管图外形图。

2. 详图

详图又称大样图，包括支座加工详图和安装详图。如果是国家通用标准图，则只标明图号，不再将图画出，需用时直接查标准即可。如果没有标准图，就必须画出大样图，以便加工、制作和安装。

通风空调详图表明风管、部件及设备制作和安装的具体形式、方法和详细构造及加工尺寸。对于一般性的通风空调工程，通常使用国家标准图册，只是对于一些有特殊要求的工程，则由设计部门根据工程的特殊情况设计施工详图。

二、施工图识读

图10-1是风管墙柱上支架、吊架安装图，风管墙柱上支架、吊架安装图需要了解两点：

(1) 支架、吊架可在墙、柱上二次灌浆固定，亦可预埋或穿孔紧固。

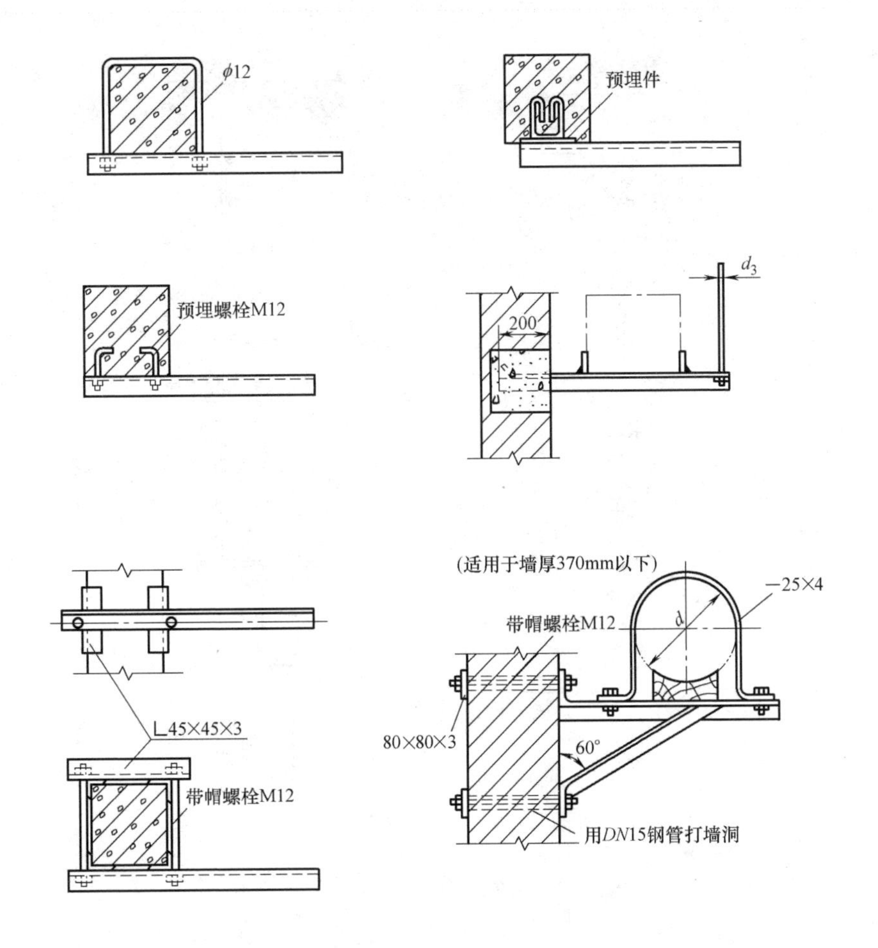

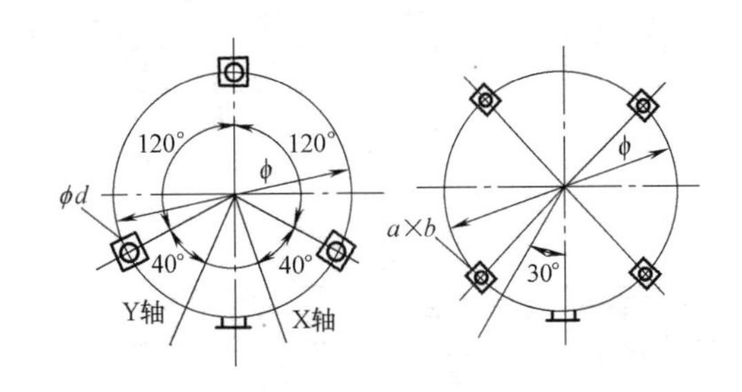

图 10-1 风管墙柱上支架、吊架安装图

(2) 焊接支架、吊架应确定标高后进行安装。

另外，图中还给出了钢板厚度，支架、吊架的材质（∟45×45×3）及适用范围等。

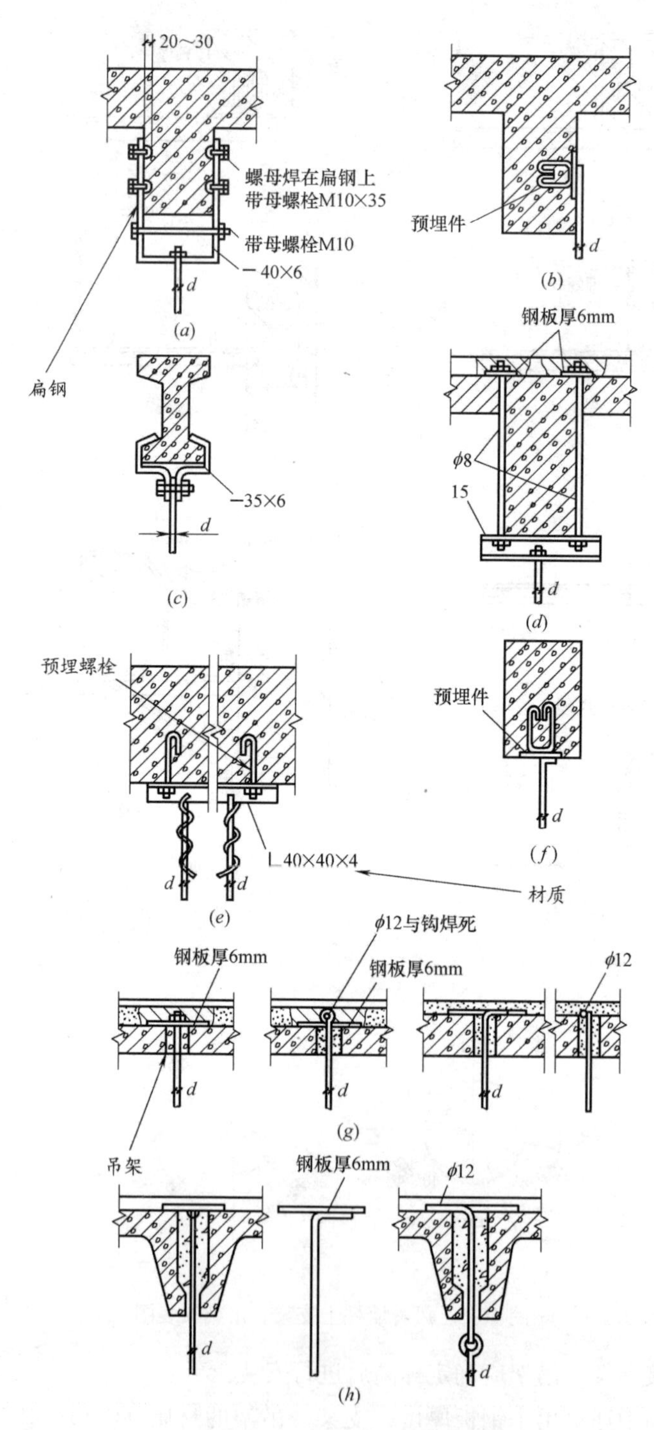

图 10-2　风管楼盖与屋面支架、吊架施工图

图 10-2 是风管在楼盖与屋面支架、吊架施工图，风管楼盖与屋面支架、吊架施工图应了解两点：

（1）应在钢筋混凝土中预埋铁件和预埋吊点。

（2）支架、吊架安装采用电焊，焊缝长大于 70mm。

另外，图中还给出了钢板厚度 6mm，支架、吊架的材质∟40×40×4 等。

第11小时

制冷机房设备布置图识读

一、基础知识

1. 常用制冷装置

(1) 电制冷装置。

1) 水冷冷水机组。在这一类机组中，制冷剂在蒸发器中吸收水中的热量而蒸发，机组向空调系统提供冷水，因此称为冷水机组。在压缩式制冷中，若冷凝器中吸收制冷剂热量的工质为空气，则称为风冷式冷水机组。风冷压缩式冷水机组的压缩机通常为活塞式和螺杆式两大类。在压缩式制冷冷水机组中，若冷凝器中吸收制冷剂热量的工质为水，则称为水冷式冷水机组。根据压缩机类型不同，常见的水冷压缩式冷水机组有离心式冷水机组、螺杆式冷水机组和活塞式冷水机组三类，具体见表 11-1。

常见的水冷压缩式冷水机组　　表 11-1

项　目	内　容
活塞式冷水机组	活塞式冷水机组是民用建筑空调制冷中采用时间最长、使用数量最多的一种机组，它具有制造简单、价格低廉、运行可靠、使用灵活等优点，在民用建筑空调中占有重要地位。对于舒适性和工艺性空调系统，活塞式制冷压缩机采用的冷媒通常为 R22、R134a、R404A、R407A 和 R407C
螺杆式冷水机组	它的主要优点是结构简单、体积小、重量轻，可以在 15%～100%的范围内对制冷量进行无级调节，且在低负荷时的能效比较高，这对于大型建筑的空调负荷有较好的适应性
离心式冷水机组	离心式冷水机组是目前大中型商业建筑空调系统中使用最广泛的一种机组，常采用的制冷剂是 R22、R123 和 R134a。离心式压缩机是依靠气体动能的改变来提高压力(部分动能转化为静压)。离心式压缩机中带叶片的工作轮称为叶轮，根据叶轮的数量可以分为单级、双级和三级离心式制冷压缩机

2）风冷冷风机组。在这一类机组中，蒸发器为直接膨胀式盘管，制冷剂在盘管中吸热蒸发，直接对空气进行冷却，因此称为冷风机组。机组中的压缩机通常为活塞式、螺杆式和转子式。这类机组的容量较小，常见的有房间空调器和单元式空调机组。

3）蓄冷。蓄冷空调系统包括制冷系统、蓄冷装置和末端空调系统三大部分。常用的蓄冷介质有冷水、冰以及某些低温共融的无机物或有机物。

根据冷却介质，分为冷媒直接蒸发冷却制冰和用盐水间接冷却制冰。间接制冰时所用盐水一般为乙二醇水溶液，浓度为25%～30%，由制冷机维持进入蓄冰槽的盐水温度为−3～−6℃，根据冰体形成的过程，分为静态和动态蓄冰。静态蓄冰是指冰体由生长、增厚至蓄冰完成的整个过程是稳定的、不发生移动的；而动态蓄冰是指在冷表面的冷却作用下，形成一定冰层厚度时使其脱落，重新结冰，再使其脱落的变化过程。

（2）吸收式制冷装置。

目前，常用的吸收式制冷机组有三类，见表11-2。

常用的吸收式制冷机组　　表11-2

项　目	内　容
吸收式冷水机组	利用热能进行制冷直燃型双效溴化锂冷水机组是使用最多的一种吸收式冷水机组，具有较高的性能系数。所谓“双效”是指在机组中设有高压与低压两个发生器；而“直燃”是指利用燃烧器直接加热溴化锂水溶液 吸收式冷水机组的主要特点是以燃气或燃油为动力，大大节省电力。该类机组的另一个特点是由于传热面积大、传热温差小，机组运行工况较为稳定。然而，传热面积大会增加金属的耗量，因此，直燃型双效溴化锂冷水机组的初投资比压缩式冷水机组高
吸收式冷热水机组	利用热能进行供冷或供热吸收式冷热水机组在结构上和双效吸收式冷水机组很相似，只是增加了一些阀门和转换开关。机组供冷水时，和双效溴化锂冷水机组的工作过程基本相同；机组供热水时，以直接燃烧产生的高温烟气作为加热源，由蒸发器和加热盘管构成热水回路
吸收式热泵机组	向低温热源吸热，供应热水、蒸汽或向空间供热吸收式热泵机组可以实现冬季供热、夏季供冷，以及生活用热水。吸收式热泵机组从低温热源（通常是工业余热、废热或地表水）吸取热量，并且把热量传递到高温热源，以实现冬季供热的目的。吸收式热泵机组的COP较其他吸收式制冷机组高，一般在1.2～1.7之间

2. 制冷机房的布置

（1）制冷机房位置尽可能靠近冷负荷中心，力求缩短输送管道；氨制冷机房应考虑到氨制冷机的易燃易爆特性。

（2）大中型机房内主机宜与辅助设备及水泵分间布置，可单设泵房。

（3）压缩机一般情况不少于两台，布置成对称或有规律的形式。

（4）立式冷凝器一般均装在室外，距外墙一般不宜超过 5m；卧式冷凝器一般装在室内；蒸发式冷凝器一般布置在制冷站屋顶上。

（5）蒸发器位置应尽可能靠近压缩机，以缩短吸气管，减少压力降。

（6）设备间的净间距要求。

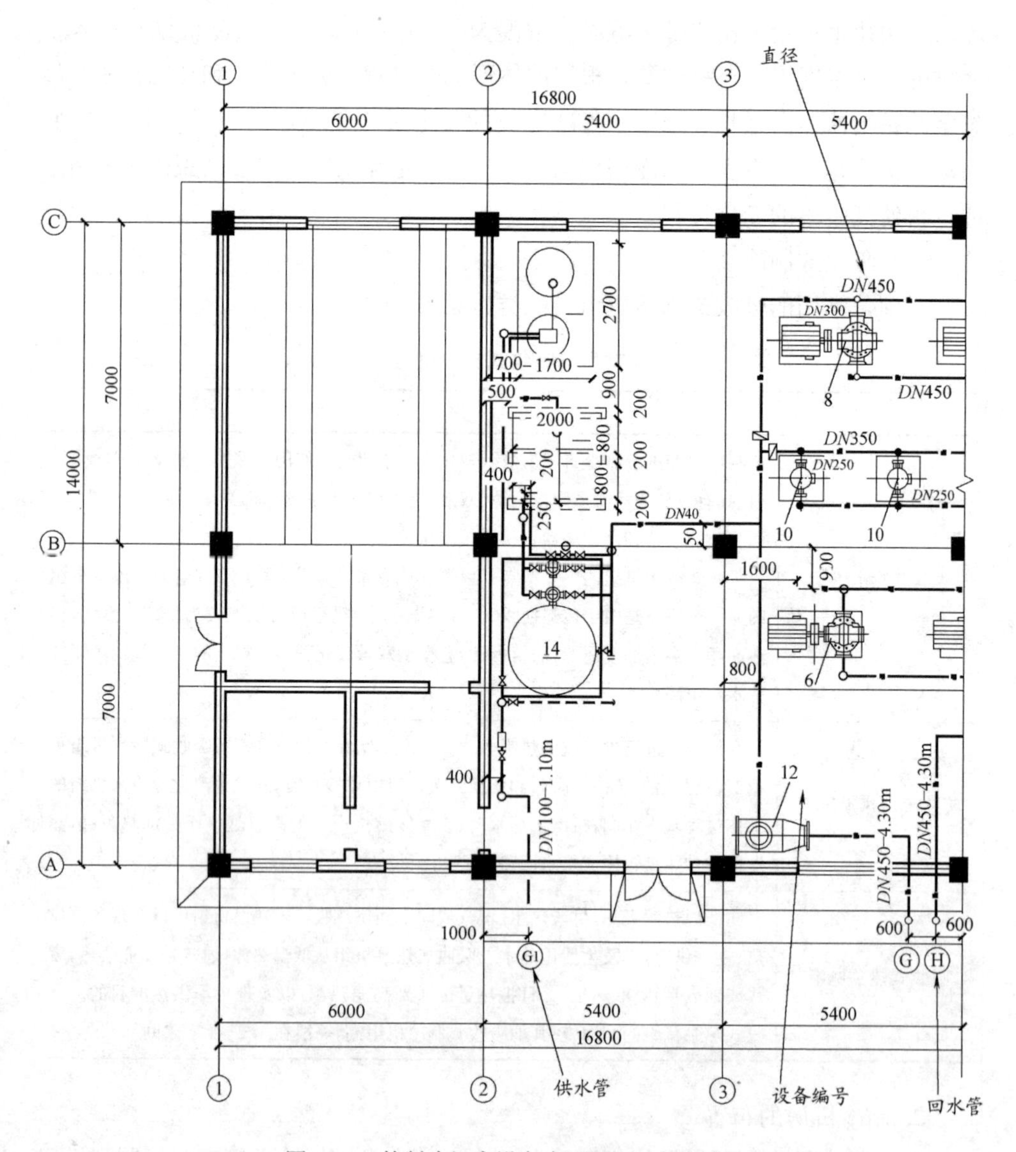

图 11-1　某制冷机房设备布置图（一）部分

二、施工图识读

图 11-1 是某制冷机房设备布置图（一）部分，该部分图纸反映了该机房内主要设备的布置情况，包括设备的型号与台数、大小和定位尺寸。例如管径有 DN100、DN450、DN350、DN40 等，设备有 8 种，分别编号（见表 11-3），具体位置图中已详细给出。

图 11-2 是某制冷机房设备布置图（二）部分，该部分图纸反映了该机房内主要设备的布置情况，包括设备的型号与台数、大小和定位尺寸。综合图 11-1 与图 11-2 可以看出，该机房有两台水冷冷水机组、两台板式换热器、分水器、集水器、两台冷却水循环泵、两台冷冻水循环泵、三台空调热水循环泵、软化水箱以及全自动钠离子交换器，此外还有四台组合式空调机组，图中主要设备的名称见表 11-3。

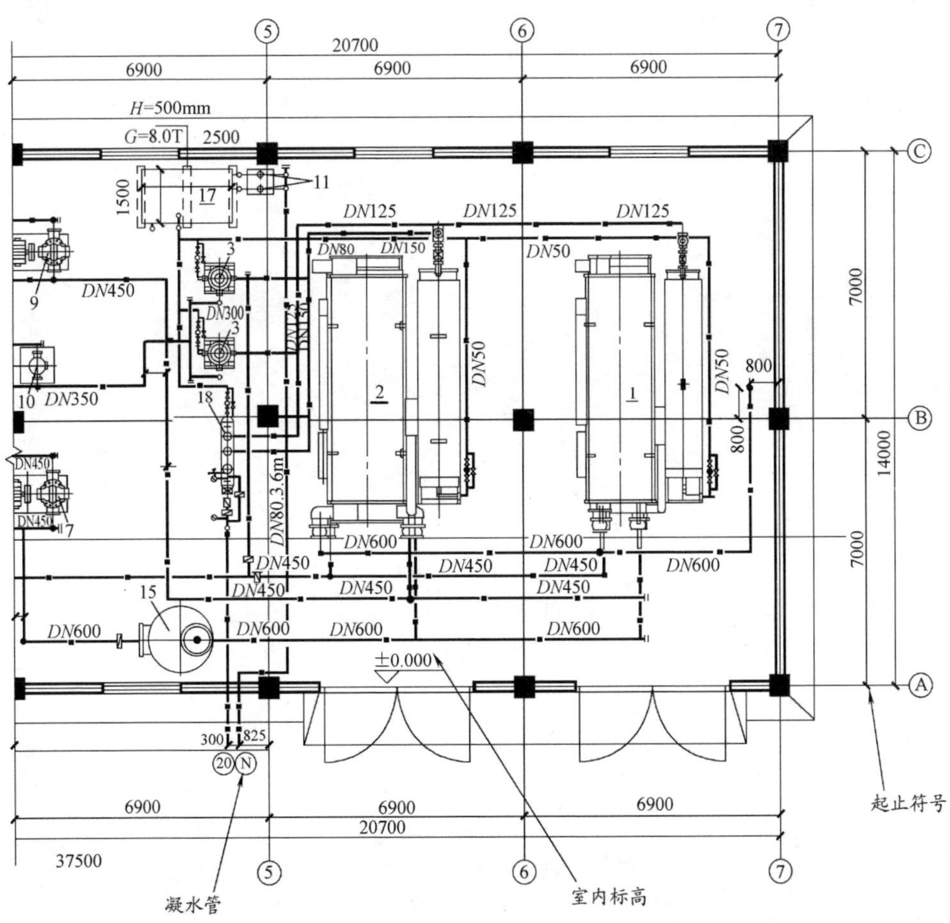

图 11-2　某制冷机房设备布置图（二）部分

主要设备名称表 **表 11-3**

序号	设 备 名 称	序号	设 备 名 称
1	蒸汽双效溴化锂吸收式冷水机组	10	空调热水循环泵
2	蒸汽双效溴化锂吸收式冷水机组	11	凝结水泵
3	空调热水换热器	12	卧式直通除污器
4	冷却塔(配套 BS-IX-300)	13	全自动软水器
5	冷却塔(配套 BS-IX-400)	14	落地膨胀水箱
6	冷却水泵(配套 BS-IX-300)	15	全程水处理等
7	冷却水泵(配套 BS-IX-400)	16	玻璃钢软化水箱
8	空调冷水循环泵(配套 BS-IX-300)	17	玻璃钢凝结水箱
9	空调冷水循环泵(配套 BS-IX-400)	18	分气缸

第12小时

制冷机房管路平面布置图识读

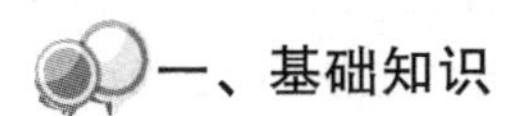

一、基础知识

1. 冷热源施工图的特点

冷热源机房施工图主要包括图样目录、设计与施工说明、设备与主要材料、系统原理图（流程图）、设备平面图和剖面图、管道平面图和剖面图、管路系统轴测图、大样详图和设备基础图。每个项目的图样可能有所增减，但宜按上述顺序排列。当设计较简单而图样内容较少时，可将上述某些图样合并。

2. 冷热源施工图的阅读方法

冷热源施工图的阅读方法见表12-1。

冷热源施工图的阅读方法　　表12-1

项目	内　容
设计施工说明	设计施工说明是工程设计的重要组成部分，它包括对整个设计的总体描述，以及对设计图样中没有表达或表达不清晰内容的补充说明等。冷热源工程的设计施工说明除了包括应遵循的设计、施工验收规范外，一般还应包括如下内容： (1)设计的冷热负荷要求 (2)冷热源设备的型号、台数及运行控制要求 (3)冷热水机组的安装和调试要求 (4)泵的安装要求 (5)管道系统的材料、连接形式和要求，防腐、隔热要求 (6)管路系统的泄水、排气、支吊架、跨距要求 (7)系统的工作压力和试压要求

续表

项目	内　容
原理图	原理图也称流程图或系统图，它是工程设计图中重要的图样，应表示出设备和管道间的相对关系以及过程进行的顺序，不按比例和投影规则绘制。对于采用电制冷机、电动热泵、电锅炉，或者蒸汽、热水型溴化锂制冷机的冷热源工程，其原理图一般只有热力系统原理图；对于采用燃油燃气锅炉、直燃型制冷机的冷热源工程，除热力系统原理图外，还有燃油燃气系统原理图，这些原理图视复杂程度可分别绘制，也可绘制在一张原理图上 对于一个工程，识图时必须先看原理图。读图的步骤如下： (1)首先结合设计施工说明和设备表，了解工程概况，弄清楚流程中各设备的名称和用途，在冷热源机房中一般有冷水机组、锅炉、换热器、泵、水处理设备、水箱等 (2)根据介质的种类以及系统编号，将系统进行分类。例如，将系统分为供冷系统、供热系统、热水供应系统，再对各个系统进行细分。例如，供冷系统又可分为冷冻水系统、冷却水、补水系统、燃料供应系统 (3)以冷热水主机为中心，查看各系统的流程。例如，以制冷机组为中心，冷冻水系统的流程一般为：用户回水→集水器→除污器→冷冻水泵→制冷机蒸发器→分水器→去用户；冷却水系统流程一般为：出冷却塔→冷却水泵叶制冷机冷凝器→去冷却塔；补水系统流程一般为：原水箱(自来水)→水处理系统(软化和除氧)→补水箱→补水泵→需补水的系统 (4)明白系统中所有介质的流程后，明确各管段的管径，了解各阀门的作用及运行操作情况
设备平面、剖面图	设备平面、剖面图主要反映设备的布置和定位情况，是施工安装的重要依据。应采用正投影法按比例绘制。设备是突出表达的对象，设备轮廓用粗线，设备轮廓根据实际物体的尺寸和形状按比例绘制。设备平面图中不绘制管道 阅读设备的平面图和剖面图，看图时应结合设备表，了解各设备的名称，分布在什么地方，设备的定型、定位尺寸以及设备的标高

续表

项目	内　　容
管道平面、剖面图	管道平面、剖面图主要表达管道的空间布置，即管道与设备、建筑的位置关系，管道是突出表达的对象。和设备平面图、剖面图相比，主要增加了管道、管道附件及相关的标注。图中管道用粗线绘制，而设备轮廓线用中粗线绘制 阅读时应以平面图为主，剖面图为辅，并结合原理图和设备表。根据管道的表达规则，尤其是弯头转向和管道分支的表达方法，必要时根据管段的管径和标高，将平面图、剖面图上的各管段对应起来。要首先弄清主要管道的走向，比如制冷系统中的冷冻水的大致流程，一些设备就近的配管先不要管它。由于在管道平面图中设备的配管难以表达清楚，设计人员往往提供某些设备的配管平面图、剖面图或轴测图，待主要管道的走向弄清之后，可以根据管道表达规则对这些设备配管仔细阅读
管路系统轴测图	为了将管路系统表达清楚，一般要绘制管路系统轴测图。轴测图宜采用正等轴测法或正面斜二测画法。在工程应用中，建筑设计部门大多采用正面斜等测法。图中管道用粗线绘制，而设备轮廓线用中粗线绘制。为使图面清晰，一个系统经常断开为几个子系统，分别绘制，断开处要标识相应的折断符号。也可将系统断开后平移，使前后管道不聚集在一起，断开处要绘出折断线或用细虚线相连 要了解管道的布置，需要查看管道平面图、剖面图、管路系统轴测图。如果有管路系统轴测图，首先应阅读它 阅读管路系统轴测图的方法与阅读原理图的方法相似，首先将其分为几个系统，然后弄清各个系统的来龙去脉，并注意管道在空间的布局和走向。之后，结合平面图和剖面图，了解管道的具体定位尺寸和标高。有了管路系统轴测图，图样阅读的难度一般不大。对于较复杂的管路系统，最好绘制管路系统轴测图，以减少阅读的难度。同时，可省去许多剖面图
详图和设备基础图	(1)加工详图。当用户所用的设备由用户自行制造时，需绘制加工图，通常有水箱、分水器等 (2)基础图。如水泵的基础、换热器的基础等，可参阅标准图集中相关设备的绘制方法 (3)安装节点详图。如供热管网节点详图

二、施工图识读

图 12-1 是某制冷机房部分管路平面图，从图中可以看出冷却水系统从冷却

塔出来的冷却水从③轴附近引入并水平铺设，然后分成支路分别与两台并联的冷却水循环泵连接，水泵出口管道汇合后再分成两个支路，管道水平向右分别到达两台冷水机组的前端，然后垂直向下后与机组连接。从机组出来的冷却水管道汇合，汇合后的管道水平穿出机房，与室外的冷却塔连接。

冷热水系统从空调用户回来的冷水、热水管道水平铺设，从北侧③轴附近引入机房，进入机房后垂直向下与集水器连接，从集水器出来的管道分成热水支路和冷冻水支路：

（1）热水支路经电动二通阀后水平向南铺设，再分成两个支路水平向左，到达板式换热器的前端后垂直向下，再分别与换热器连接，从两台换热器出来的热水管道垂直向上再汇合，汇合后的管道分成三个支路分别与三台并联的热水循环泵连接，水泵出口管道汇合后经电动二通阀后与冷冻水支路汇合。

（2）冷冻水支路经电动二通阀后水平向右铺设再向南，然后分成两个支路到

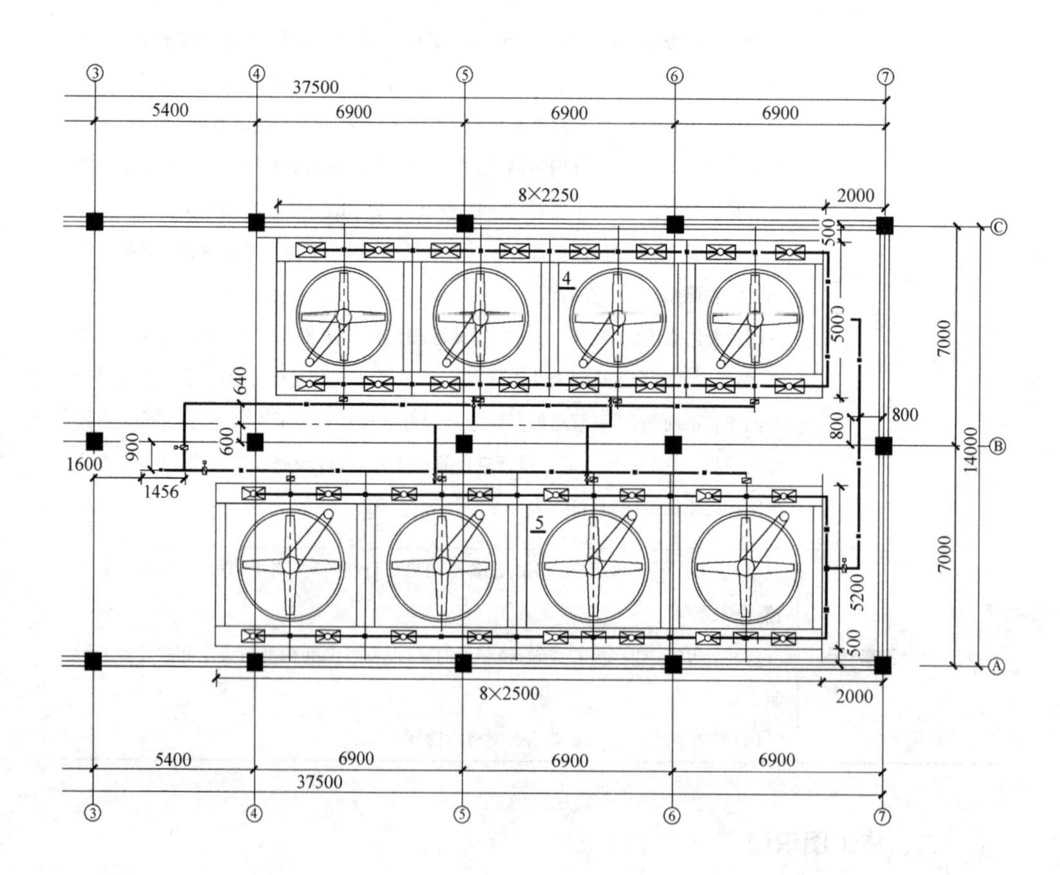

图 12-1　某制冷机房部分管路平面布置图

达冷水机组的前端，管道垂直向下再水平向右后与机组连接，从机组出来的冷冻水管道水平向左后汇合，汇合后的管道水平向南，然后分成三个支路分别与三台并联的冷冻水循环泵连接，水泵出口管道汇合后经电动二通阀后与热水支路汇合。冷热水支路汇合后的管道水平向右再垂直向上，然后水平向北跨过冷水机组到达分水器上空，垂直向下后与分水器连接，从分水器接出的冷热水管垂直向上后水平向北穿出机房。

第13小时

建筑直燃机房平面布置图识读

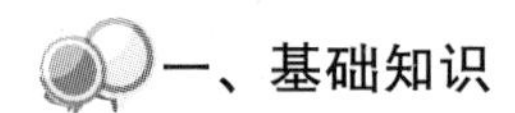

一、基础知识

1. 直燃机的工作原理

直燃机的工作原理见表 13-1。

直燃机的工作原理　　表 13-1

项目	内　容
制冷工况	溶液泵将吸收器中稀熔液送往高压发生器中，由热源加热后浓缩，经初步浓缩的溶液随即进入低压发生器，分离出冷剂蒸汽进入低压发生器内，再释放热量（自身冷凝变成水），使溶液进一步浓缩，同时再产生冷剂蒸汽，冷剂蒸汽在冷凝器中冷凝成水，经节流装置进入蒸发器，在负压条件下低温蒸发，吸收管内的热量，从而使管内空调水降温，达到制冷效果，而浓溶液经布液装置直接分布到吸收器，将蒸发吸收器中产生的大量水蒸气吸收，浓溶液变成稀溶液，由此可见：水是制冷剂，而溴化锂溶液则是吸收剂
供热工况	高压发生器加热溶液所产生的水蒸气，在热水器铜管表面凝结时放出热量，加热管中的热水，浓溶液和冷剂水混合后的稀溶液由溶液泵送往高压发生器进行再次循环和加热，在制冷工况转入供热工况时，必须同时打开有关的两个切换阀，冷却水泵和冷剂泵停止运行

2. 在高层建筑中设置燃气直燃机的可能性

首先，由于燃气溴化锂直燃机机体小、能耗少、功能全、无大气污染、自动化程度高及一次性投资费用较低等优势，越来越多地被设计和建设单位选用，受到用户的欢迎。

其次，由于城市用地紧张，在高层建筑以外单独设置直燃机房的可能性较小。

再次，主要是由于直燃机组安全设施方面比较完善，相对燃气锅炉安全系数较高，具体是：

（1）直燃机组本身处于负压状态下运行，属于真空设备。

（2）许多厂家配有德国原装燃烧机，具有调压及一定的稳压作用，可以保证燃烧的稳定。

（3）设置双级电磁阀串联使用，确保停机时燃气不漏进炉膛，即使在烟道内出现险情产生爆炸，烟道上设有防爆门，不会产生破坏性作用。

（4）稳压器、压力控制器对燃气压力上下限进行控制，一旦燃气压力超过上下限，则燃烧立即停火，不致产生脱火和回火的危险。

（5）设置燃气电磁阀泄漏检测装置，一旦发现泄漏，将立即保护，不执行点火程序。

（6）设置空气压力开关，确保燃烧机运行期间，风机有足够的鼓风量，使燃烧正常进行，一旦风机出现故障，燃烧机立即停火保护。

（7）设置离子火焰检测装置，时刻监视燃烧情况，一旦出现异常，立即停火保护。

（8）设置了风机过载保护，一旦过载，则立即停火保护。

（9）设置燃烧机开启防火连锁装置，燃烧机未闭好，将无法点火燃烧。

（10）设置了风门与供气蝶阀同步调节联动装置，确保燃烧机空气燃料比始终正确稳定。

（11）设置了气敏传感器，一旦空气中可燃气体比例超标，燃烧机不执行点火指令。

3. 直燃机的特点

直燃机就是指以燃气、燃油为能源，通过燃气（油）直接在溴化锂吸收式机组的高压发生器中燃烧产生高温火焰作为热源，利用吸收式制冷循环的原理，制取冷热水，供夏季制冷和冬季采暖用或同时供冷水和热水。其机组主要的特点见表13-2。

机组特点　　**表13-2**

项目	特　点
优点	(1)利用热能为动力,与电动冷水机组比可明显节约电耗。但是注意,其若与一次能源的消耗机比较,它一般来说是不节能的 (2)制冷机组是在真空状态下运行,没有高压爆炸危险,安全可靠;除屏蔽泵以外,无其他震动部件,运行安静,噪声低 (3)以溴化锂水溶液为工质,其中水为制冷剂,溴化锂为吸收剂

续表

项目	特　点
优点	(4)制冷量范围广，在20%～100%的负荷内可进行冷量的无级调节，并且随着负荷的变化调节溶液循环量，有优良的调节性能 (5)对外界条件的变化适应性强，可在蒸汽压力0.2～0.8MPa，冷却水温度20～35℃；冷冻水温度5～15℃的范围内稳定运行 (6)选用先进的燃烧设备，燃烧效率高，燃烧完全，燃烧产物中所含的SO_2和NO低，对大气污染相对较小 (7)制冷、采暖和热水供应兼用，一机多功能，机组从功能上有单冷型、空调型和标准型三种形式供用户选择 (8)用户不需要另设锅炉房或蒸汽外网，只需少量电耗和冷却水系统 (9)采用直燃机，对城市能源季节性的平衡起到一定的积极作用。一般来说，城市中夏季用电量大，而燃气、燃油用量少，因此，用直燃机可以减少电耗，增加燃气、燃油耗量，有利于解决城市燃气、燃油系统的季节调峰问题 (10)直燃机结构紧凑，体积小，机房占用面积小，安装无特殊要求，使用操作方便
缺点	(1)气密性要求高，在机组运行中即使漏入微量的空气也会影响冷水机组的性能 (2)腐蚀性强，溴化锂水溶液对普通碳钢有较强的腐蚀性，不仅影响机组的性能与正常运行，而且还影响机组的寿命 (3)其冷却水需求量大，同时，需配用冷却能力较大的冷却塔 (4)价格比有同样制冷量的蒸汽压缩式冷水机高 (5)使用寿命比压缩式短 (6)节电不节能，耗气量大，热效率低 (7)机组长期在真空下运行，外空气容易侵入，若空气侵入，造成冷量衰减，故要求严格密封，给制造和使用带来不便 (8)机组排热负荷比压缩式大，对冷却水水质要求较高

二、施工图识读

图13-1是某建筑直燃机房平面布置图部分（一），该图反映了该机房内主要设备的布置情况，包括设备的编号、台数、大小和定位尺寸，图中粗实线为设备轮廓线。

从图13-1中可以看出该部分图纸以室内地坪标高－5.400m为准，在左侧墙处预留一检修门洞，尺寸为1000mm×2000mm。该部分主要是BYZ1750机组的布置情况，在距离墙150mm处一管道的端部接至软化水，该管道的标高是－1.750m，管径是*DN*40。从分水器引出的管道标高及直径从左至右分别是：

－1.950m、*DN*100接至空调机组，－1.950m、*DN*150接至风机盘管，－1.950m、*DN*150接至新风机组，－2.650m、*DN*70接至散流器。另外在机组的北部－0.9m处敷设一*DN*15的排水管，排至排水沟。其余详细尺寸图中已给出。

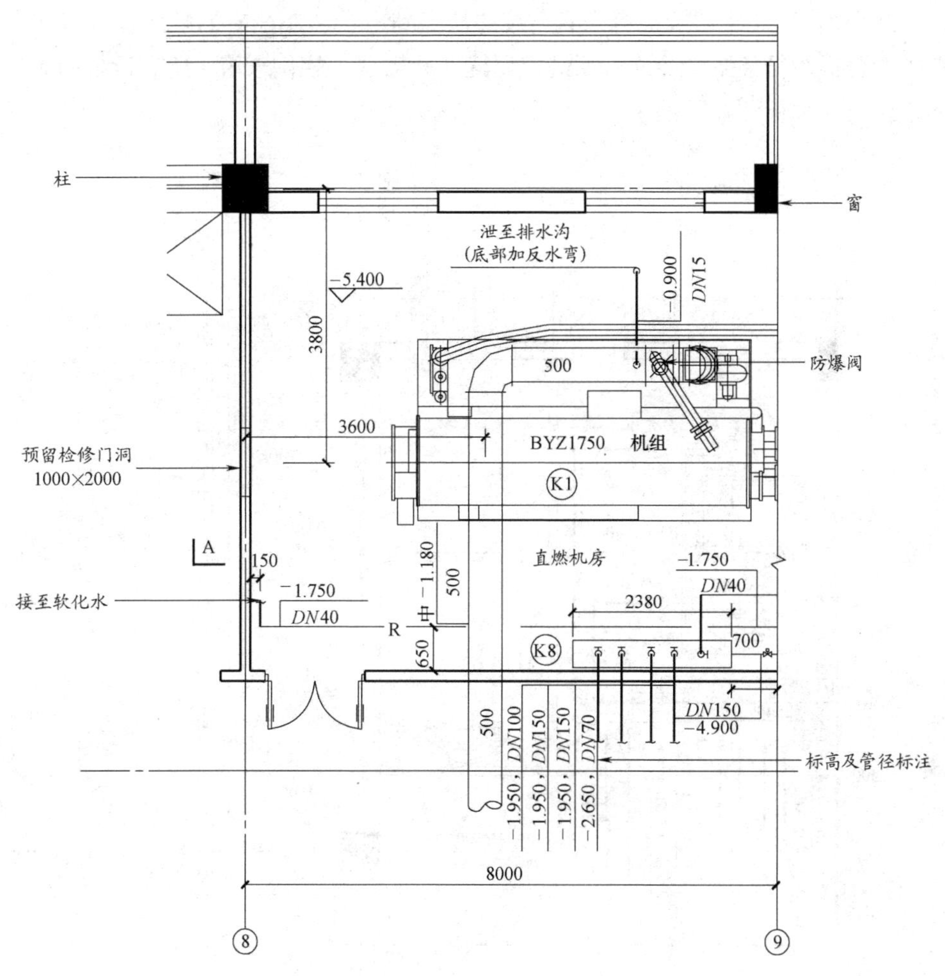

图13-1　某建筑直燃机房平面布置图部分（一）

图13-2是某建筑直燃机房平面布置图部分（二），该图反映了该机房内主要设备的布置情况，包括设备的编号、台数、大小和定位尺寸，图中粗实线为设备轮廓线。

从图13-2中可以看出该部分图纸以室内地坪标高－5.400m为准，该部分图纸包括煤气表间、控制室、新风机房和直燃机房，煤气表间净高2.5m，即顶标高－1.900m。

图纸主要介绍了BYZ1750机组的布置情况，从其引出的管道标高及直径从左至右分别是：－1.950m、*DN*100 接至空调机组，－1.950m、*DN*150 接至风机盘管，－1.950m、*DN*150 接至新风机组，－2.650m、*DN*70 接至散流器。其余详细尺寸图中已给出。

从图 13-1 和图 13-2 综合来看，按照从上到下、从左往右的顺序，该机房布置了两台锅炉循环泵、冷冻水系统定压罐、软水器、软化水箱。所有设备的大小和定位尺寸都标注在了图中。

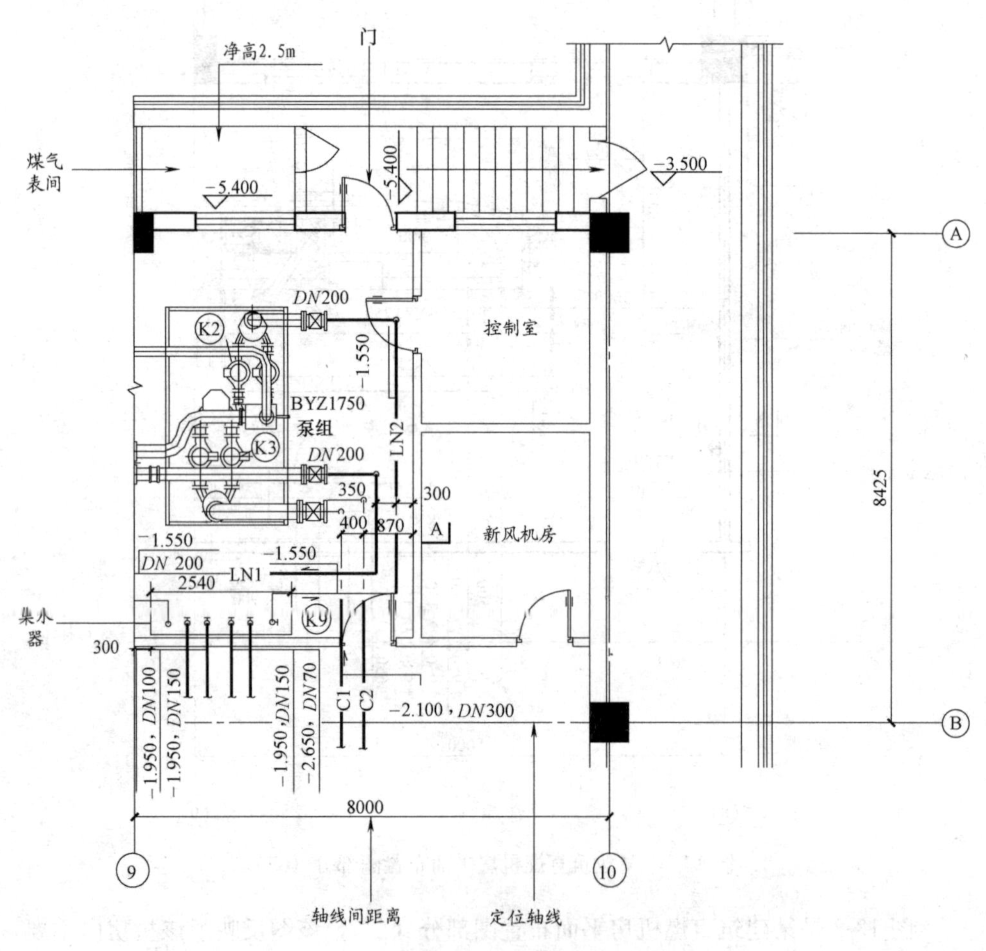

图 13-2　某建筑直燃机房平面布置图部分（二）

第14小时

直燃机房设备基础图识读

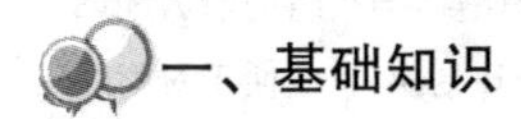

一、基础知识

1. 燃气直燃机的火灾危险性

燃气直燃机是近几年来研究成功的新型产品，它本身不具有火灾危险性，但由于它所用燃料属易燃物质，它的火灾危险性来自供气管路、炉膛、烟道、电气设备等，其主要火灾危险是：直燃机所用的燃气（煤气、天然气）等设备控制失灵，管道阀门泄漏以及机件损坏等可能造成炉膛、烟道爆炸、机房发生火灾，甚至造成建筑空间爆炸，人员伤亡和经济损失。

2. 消防安全措施

（1）直燃机组在设计和制造上的安全要求。

直燃机组在设计和制造上的安全要求见表14-1。

直燃机组在设计和制造上的安全要求　　表14-1

项目	内　容
一般要求	直燃机组在设计和制造上的一般安全要求是：机组在运行时必须保持真空状态；应注意机组使用材料的强度及耐腐蚀性；燃料配管、截止阀等燃烧装置不得泄漏；燃烧机的点火应可靠；燃烧机应与所使用燃料相适应，在整个燃烧范围内稳定燃烧；炉内不应出现未燃燃料；紧急时刻应能迅速切断燃料的供给
对燃烧装置的要求	(1)结构应便于用目测观察燃烧机的燃烧状态；烟道应装防爆门，防爆门的设置应使爆炸气流向安全方向扩散，不应危及人身安全 (2)燃气配管系统的主系统及点火系统应分别串联装设两个燃料截止阀，使用内部混合式燃烧机时，应安装止回装置；在燃料截止阀和压力调节阀的上游侧，应装设容易检查、保养的过滤器

续表

项目	内　容
对燃烧装置的要求	(3)在燃烧机控制程序上,点火前扫气容积应为燃烧室容积的4倍以上,设有烟道风门时,风门应处于开启状态;点火应可靠且容易着火,在整个燃烧范围内,应保证能维持稳定燃烧的空气燃料比;燃烧安全装置动作时,应迅速切断燃料的供应,并发出警报;点火失败和异常熄火时,应在4秒以内切断燃料,并发出警报;消除故障重新启动时,再进行包括预扫气在内的点火动作,必要时应进行后扫气 (4)燃烧监视控制器,在点火失败和异常熄火时,火焰最长3秒内能够关断所有燃料截止阀 (5)火焰检测器应可靠,无误动作,应设置在适当位置,可靠地监视所有火焰;火焰检测器的安装和点火装置应便于检查、保养 (6)燃烧机应具有良好的火焰稳定能力,在整个燃烧范围内稳定燃烧,与机组的能力和燃烧室的形式相适应,并应容易点火、着火;其结构应便于清扫、检查和更换,也应便于对喷嘴和火焰口部分进行更换和清扫 (7)燃烧截止阀在停电1秒内应可靠地切断燃料,其承压部分能承受1.5倍最高工作压力,不发生向外泄漏和变形 (8)燃气压力调节器应保证燃烧器在整个安全范围的安全燃烧;燃气压力开关和燃料调节阀不应向外泄漏燃气,燃料调节阀在最高工作压差下动作可靠并应容易拆卸、组装
安全装置	(1)机组应设下列安全装置:发生器出口溶液高温保护;发生器压力过高保护;溶液泵、冷剂电动机过载保护;发生器溶液过低保护;排烟高温保护;鼓风机、电动机过载保护;热水高温保护 (2)机组应设置报警装置 (3)安全装置结构应保证动作时,查明动作原因,确认安全后方能重新启动 (4)机组应装设下列监视装置:发生器压力;发生器温度;排烟温度 (5)直燃机组应安装超压泄放装置,泄放装置应按有关规定安装

(2) 建筑、输配管线及其他防护措施。

1) 机组不应布置在人员密集场所的上一层、下一层或贴邻，并采用无门窗洞口的耐火极限不低于2.00h的隔墙和1.50h的楼板与其他部位隔开，当必须开门时，应设甲级防火门。

2) 机组应布置在首层或地下一层靠外墙部位，人员疏散的安全出口不应少于两个，最少应设一个直接对外的安全出口，疏散门应为乙级防火门，外墙开口部位的上方，应设置宽度不小于1.00m不燃烧体的防火挑檐。

3) 机房应设置火灾自动报警系统、自动灭火系统和天然气泄漏报警装置及其联动系统，检测点不少于两个，且应布置在易泄漏的设备或部件上方，当可燃

气体浓度达到爆炸下限20%时，报警系统应能及时准确报警和切断燃气总管上的阀门和非消防电源，并启动事故排风系统，主机房内应增设可燃性气体浓度监测系统，对主机房进行24h的监测，按规范设置室内消火栓和足够的灭火器材。

4）主机房应设置可靠的送风、排风系统，室内不应出现负压，排风系统的换气次数不应小于15次/时，并且送风量不应小于燃烧所需的空气量和人员所需新鲜空气量之和，以保证主机房的天然气浓度低于爆炸下限，应能保证在停电情况下正常运行。

5）应设置双回路供电，并应在末端配电箱处设自动切换装置。

6）在机房四周和顶部及柱子迎爆面安装爆炸减压板，降低爆炸时所产生的爆炸压力峰值，保护主体结构，主机房应设置防爆泄压装置，泄压面积可按 $0.05 \sim 0.22 m^2/m^3$ 计算，并应符合消防技术规范的要求，防爆泄压面积的设置应避开人员集中的场所和主要交通道路，并宜靠近容易发生爆炸的部位。

7）进入地下机房的天然气管道应尽量缩短，除与设备连接部分的接头外，一律采用焊接，并穿套管单独铺设，应尽量减少阀门数量，进气管口应设有可靠的手动和自动阀门，进入建筑物内的燃气管道必须采用专用的非燃材料管道和优质阀门，绝对保护燃气不致泄漏。

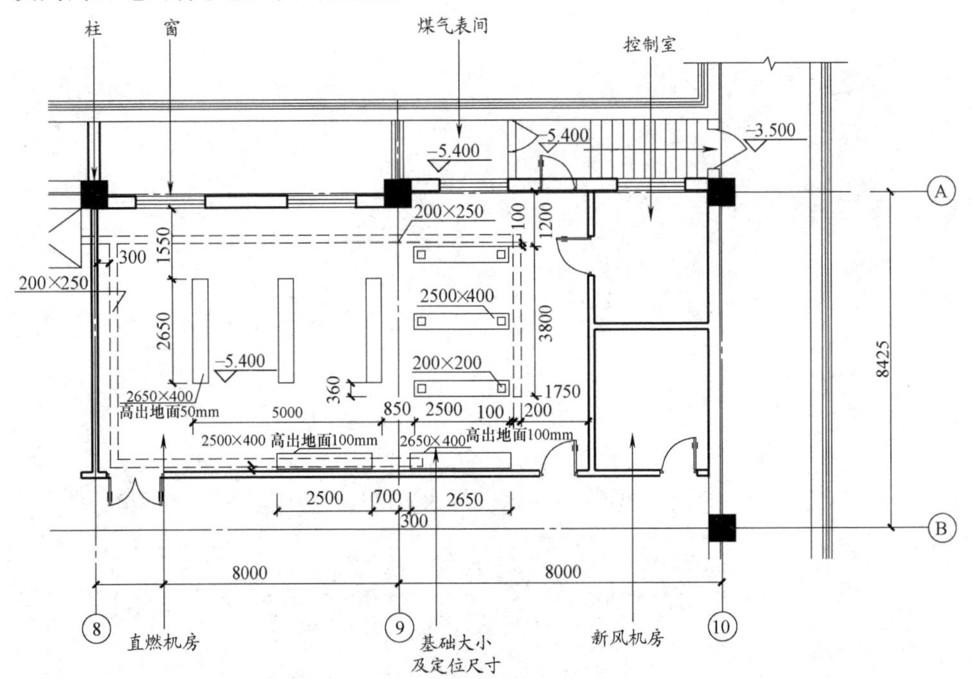

图14-1　直燃机房设备基础图

8）机房内的电气设备应采用防爆型，溴化锂机组所带的真空泵及电控柜也应采取隔爆措施，保证在运行过程中不产生火花。

二、施工图识读

图 14-1 是直燃机房设备基础图，该图反映了机房内主要设备基础的布置情况，以及基础的大小和定位尺寸。图中粗实线为基础轮廓，细实线为设备轮廓线，所有标高均以室内地面－5.400m 为准。由图 14-1 可知：

分水器基础高出地面 100mm，即标高是－5.300m，截面尺寸是 2500mm×400mm，距离⑨号轴线 700mm；集水器基础高出地面 100mm，即标高是－5.300m，截面尺寸是 2650mm×400mm，距离新风机房外墙 1950mm。

结合剖面图可知，锅炉、直燃机组、冷冻水泵和冷却水泵的基础高和补水泵和锅炉循环泵的基础高。

第15小时

锅炉房平面布置图识读

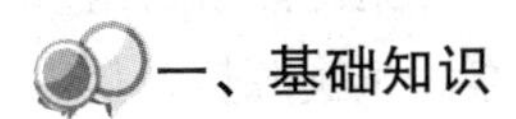

一、基础知识

1. 锅炉房

锅炉房设备由锅炉本体和锅炉房辅助设备组成。锅炉房辅助设备由以下几个系统组成，具体见表15-1。

锅炉房辅助设备　　表15-1

项目	内　容
水、汽系统（包括排污系统）	汽锅内具有一定的压力，因而给水必须借助给水泵提高压力后送入。此外，为了保证给水质量，避免汽锅内壁结垢和腐蚀，锅炉房内还设有水处理设备。为了储存给水，也需要设置一定容量的水箱等。锅炉产生的蒸汽一般先送至锅炉房内的分汽缸，由此再接至各用户的管道。锅炉的排污水因具有相当高的温度和压力，因此必须接入排污降温池或专设的扩容器，进行膨胀减温
送、引风系统	送、引风系统为了给炉子送入燃烧所需空气和从锅炉引出燃烧产物—烟气，以保证燃烧正常进行，并使烟气以必需的流速冲刷受热面，锅炉的通风设备有送风机、引风机和烟囱。为了改善环境卫生和减少烟尘污染，锅炉还设有除尘器，为此也要求必须保持一定的烟囱高度。除尘器除下的飞灰由灰车送走
运煤除渣系统	运煤除渣系统用于燃煤锅炉，其作用是保证为锅炉送入燃料和送出灰渣，煤是由运煤带运输机送入煤仓，而后借自重下落，再通过炉前小煤斗而落入炉排上。燃料燃尽后的灰渣，则由灰斗放入灰车送出
供油、气系统	燃油燃气锅炉都配有燃烧器，每个燃烧器都有各自的供油、气系统，需要设置储油罐、油泵、油管道及油过滤器、加热器等装置；或设置储气罐、气压调压装置及输送管道

2. 热泵

(1) 热泵机组在冬季消耗少量的功由低温热源取热，向需热对象供应热量，夏季系统消耗少量的功将需冷对象中的热量带走，释放到高温热汇中。热泵机组不但效率高，而且可以夏季供冷、冬季供热，实现一机两用。

(2) 热泵机组比普通压缩式制冷系统主要增加了四通换向阀，当机组从制冷工况转换到制热工况时，换向阀把制冷剂从冷凝器转换到蒸发器，蒸发器的空气通道相应地转换到冷凝器。常用的有空气源热泵和地源热泵。

(3) 空气源热泵以室外空气作为冷热源，在冬季供热时，室外空气作为提供热量的热源；而夏季供冷时，室外空气作为释放热量的热汇。

(4) 由于空气无处不在，因此空气源热泵是居住建筑和商业建筑中使用最广泛的热泵机组，如家用空调、商用单元式热泵空调机组和风冷热泵冷热水机组。

(5) 地源热泵包括地下水热泵、地表水热泵、土壤源热泵，土壤源热泵是以大地为热源对建筑进行空调的技术。与空气源热泵相比，机组 COP 值高，制冷制热效率稳定。

(6) 根据地下盘管的铺设方式，土壤源热泵分为水平式和垂直式两类。由于地下水温度全年变化不大，地下水源热泵在夏季供冷时以井水作为热汇，而冬季供热时以井水作为低温热源。与空气源热泵相比，地下水源热泵的能效较高；而且机组运行性能不受室外空气影响，常年保持稳定。

(7) 在当地地下水政策允许的条件下，地下水源热泵非常适合于多层住宅和多层商业建筑的空气调节。

(8) 地下水源热泵的主要缺点是初投资高，系统维护费用高，受当地地下水政策限制。地表水热泵系统在结构上与地下水源热泵类似，主要利用地表水系（如河水、湖水、海水）作为热源或热汇。通常采用塑料管、铜管或板式换热器构成闭式水环路，以减少水换热器中的水垢。

3. 常用热源

采暖和空调系统常用的热源装置有锅炉、热泵、热力管网与热交换器以及直燃机。它们都是既可以供冷也可以供热的装置。热泵供热的性能系数明显高于电热，但其适用范围有限。直燃机在电力紧张、油或汽充足的地区有很大的优势。

热交换器的一次热媒通常来自于自备锅炉房或城市热网。采用热交换器的主要优点是一次热媒的热源系统与空调供热的水系统完全分开，使空调热水系统的设计不受一次热媒的影响。其主要缺点是在热交换的过程中存在热损失，因此，换热器的性能是设计中要考虑的主要因素。

锅炉是目前应用最广泛的一种热源装置。供热用锅炉分为热水锅炉和蒸汽锅炉。在空调热水系统中，由于空调机组及整个水系统要随建筑的使用要求进行调节与控制，因此采用热水锅炉直接供应空调系统热水的方式不是十分合适，通常需要设置中间换热器。蒸汽锅炉适用范围广，既可以直接使用，又可以通过热交换使用其热量；同时，也为空调加湿提供条件。

二、施工图识读

锅炉房设备平面布置图（一）部分，如图 15-1 所示。反映了主要设备的布置情况，图中实线为设备轮廓线。该部分锅炉房由锅炉间和弱电机房组成，锅炉间大门设在左侧。在轴线⑧和轴线⑮之间安装锅炉，在锅炉本体的侧面安装高区热水循环泵，另外安装低区和中区循环泵。

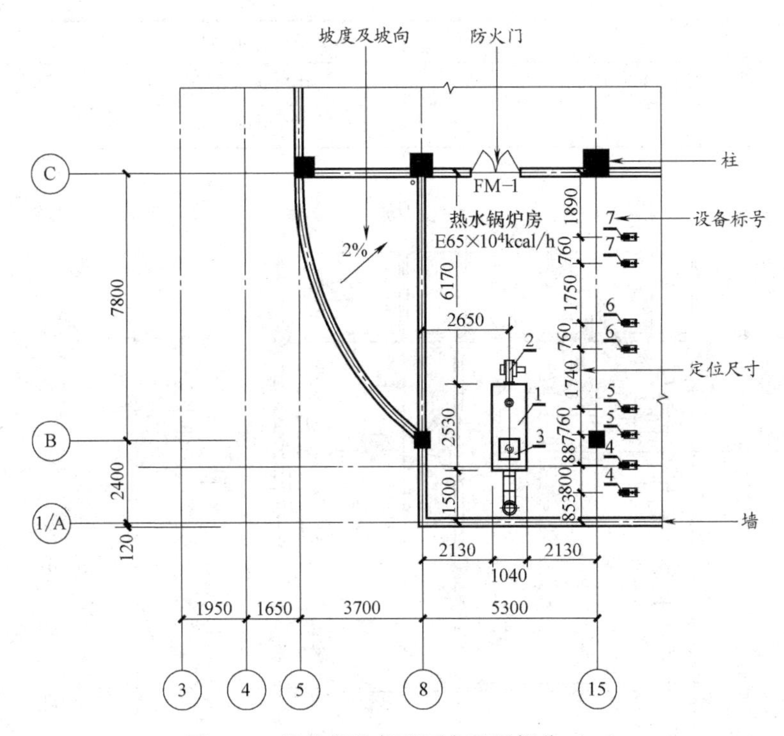

图 15-1　锅炉房设备平面布置图部分（一）

锅炉本体通过排烟管与室外烟囱连接。所有设备的大小和定位尺寸都标注在了图中，各设备名称见表 15-2。

锅炉房设备平面布置图（二）部分，如图 15-2 所示。图中实线为设备轮廓线。该锅炉房在轴线⑮和轴线㉑之间安装低区、中区和高区换热器，所有换热器的大小和定位尺寸都标注在了图中，换热器名称见表 15-3。

设备名称表 **表 15-2**

序号	材料设备名称
1	常压热水锅炉
2	燃烧器
3	锅炉膨胀水箱
4	一次循环水泵
5	低区热水循环泵
6	中区热水循环泵
7	高区热水循环泵

换热器名称 **表 15-3**

序号	名称
1	低区热水换热器
2	中区热水换热器
3	高区热水换热器

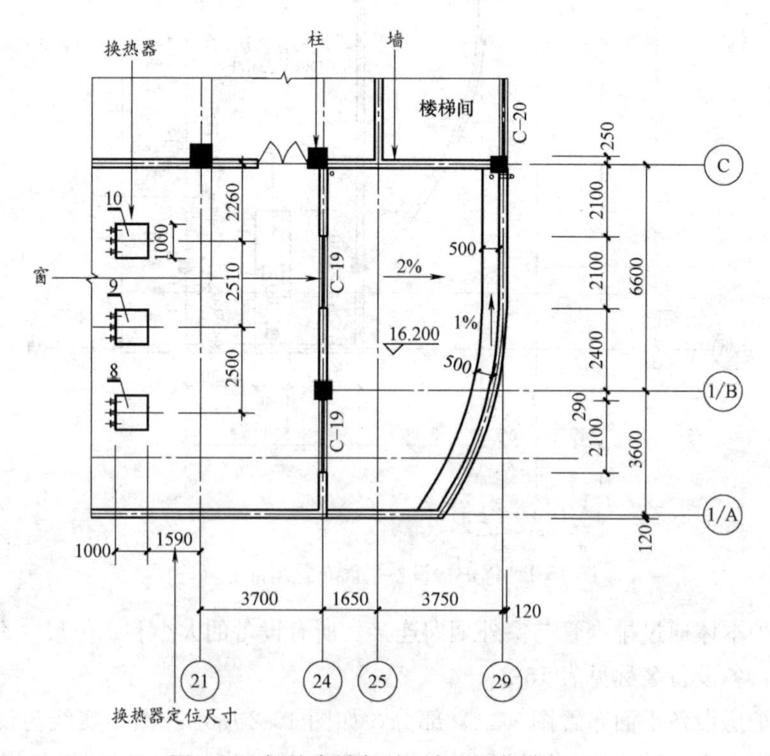

图 15-2 锅炉房设备平面布置图部分（二）

第16小时

燃气系统图识读

一、基础知识

1. 燃气工程图的特点及阅读方法

（1）管道表达。

燃气工程图中用单线绘制燃气管道。管道规格的单位为毫米（mm）（通常省略不写），标注时应符合以下规定：

1）对于镀锌钢管等，用“*DN*公称直径”表示，如*DN*100。

2）对于无缝钢管、焊接钢管等，用“*Φ*外径×壁厚”，如*Φ*108×4。

管径尺寸标注的位置应注意：水平管道的管径尺寸应标注在管道的上方，垂直管道的管径尺寸应标注在管道的左侧，斜管道的尺寸应平行标注在管道的斜上方；当管径尺寸无法按上述位置标注时，可再找适当位置标注，但应用引出线示意该尺寸与管段的关系。此外，在燃气系统图中除了标注管道尺寸和标高外，还应标出管段的长度，单位为米（m）。

（2）燃气工程图的阅读方法。

燃气施工图包括图样目录、主要设备材料表、设计施工说明、庭院燃气管道平面图、室内燃气管道平面图、室内燃气管道系统图以及大样详图，具体见表16-1。

燃气施工图内容　　　　表16-1

项目	内　容
设计施工说明	设计施工说明是用文字对施工图上无法表示出来而又需要施工人员知道的内容予以说明，如工程规模、燃气种类、燃气用具情况、管道压力、管道材料、管道气密性检验方法、管道防腐方式和敷设方式、管道之间安全净距等，以及设计上对施工的特殊要求等

续表

项目	内　容
平面图	平面图分为室内燃气管道平面图和庭院燃气管道平面图。室内燃气管道平面图主要表示燃气引入管、立管和下垂管的位置，常用比例有1∶200、1∶100、1∶50。庭院燃气管道平面图主要表示室外燃气管道的平面分布、管道的走向，常用比例有1∶500、1∶1000、1∶10000等。根据引入管引入位置的不同，施工图应分层表示 (1)对室内燃气管道平面图应重点阅读以下内容： 1)单元燃气管道引入管的位置、引入方法 2)室内立管、下垂管的管径、位置和坡向等 3)燃气表的安装位置及方式 4)室内燃气用具的安装位置 (2)对庭院燃气管道平面图应重点阅读以下内容： 1)现状道路或规划道路的中心线及折点坐标 2)燃气主管与市政燃气管道的连接位置和管径 3)庭院管道的分布、管径、坡度，分支管道变径等 4)阀门位置和调压设施的布置 5)楼前管道的管径、管材，燃气管道与建筑物和其他主要管道、设备的间距
系统图	燃气系统图表示燃气管道的立体走向，用斜轴测投影绘制而成。燃气系统图所用比例通常为1∶100或1∶50，也可以不按比例绘制。识读系统图时，应将平面图和系统图结合对照进行，以弄清空间布置关系，重点阅读立管管径、支管管径、水平管道坡度、管道标高、活接头位置、套管位置等
详图	燃气工程详图主要包括管道穿墙、穿楼板大样图、燃气表安装详图等

2. 城市燃气输配系统

城市燃气输配系统是负责将城市燃气从气源处输送到民用、商业和工业各个用户，保证用户安全可靠用气的系统。我国城市燃气管道的输气压力的分类，见表16-2。

我国城市燃气管道的输气压力的分类　　表16-2

项目	内　容
低压燃气管道	$p<0.01$MPa
中压B燃气管道	$0.01\text{MPa}<p\leqslant 0.2\text{MPa}$
中压A燃气管道	$0.2\text{MPa}<p\leqslant 0.4\text{MPa}$
次高压B燃气管道	$0.4\text{MPa}<p\leqslant 0.8\text{MPa}$
次高压A燃气管道	$0.8\text{MPa}<p\leqslant 1.6\text{MPa}$
高压B燃气管道	$1.6\text{MPa}<p\leqslant 2.5\text{MPa}$
高压A燃气管道	$2.5\text{MPa}<p\leqslant 4.0\text{MPa}$

居民用户和小型商业用户一般直接由低压管道供气。中压 B 和中压 A 管道必须通过区域调压站或用户专用调压站才能给大型商业或工厂企业用户供气。不同级别管网通过调压站相连。一般由城市高压 B 或高压 A 燃气管道构成大城市输配管网系统的外环网。市区敷设次高压、中低压管道。城市燃气系统中各级压力的干管，特别是中压以上的管道，应连成环网，初建时也可以是半环形或枝状管道，但应该逐步连成环网。城市燃气管网系统根据所采用的管网压力机制的分类，见表 16-3。

管网压力机制分类 **表 16-3**

级别	内　　容
一级系统	仅用低压管网来分配和供给燃气，一般只适用于小城镇的供气
两级系统	由低压和中压两级管道组成
三级系统	包括低压、中压和次高压三级管网
多级系统	由低压和中压、次高压和高压管道组成

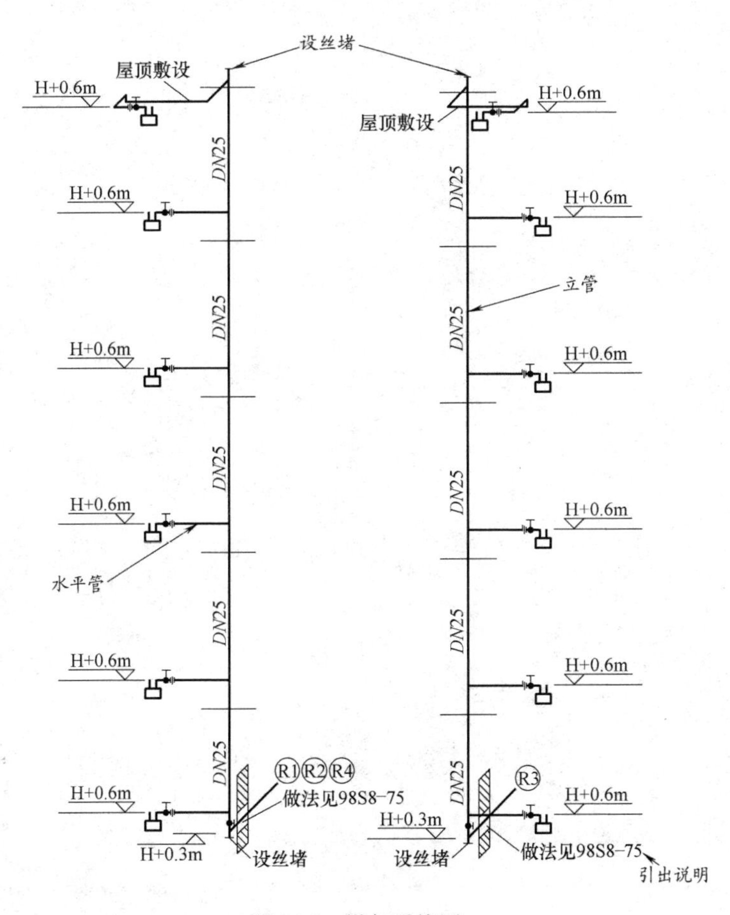

图 16-1　燃气系统图

二、施工图识读

图 16-1 为燃气系统图，也称轴测图。燃气立管前的干管标高以首层室内地面为基准，从图中可以看出，室内外高差是 0.3m，立管直径是 $DN25$，立管后每层户内管道标高以该层室内地面为基准，比地面高 0.6m。引入管从室外地下处引入，在距首层地面 0.3m 处管道水平向南穿墙进入首层，再垂直向上布置，管道上安装法兰球阀，阀后连接 $DN25$ 的镀锌钢管，立管与每层的水平干管连接，一～五层干管后的管道布置完全相同，图中只绘出了五层布置情况。在干管的顶部均设有丝堵。具体部位做法见相关图集。

第17小时

室外管道平面图识读

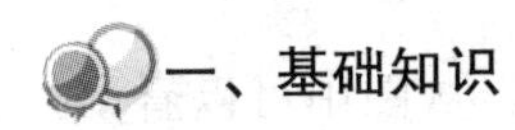

一、基础知识

1. 燃气管道分类

燃气管道分类见表17-1。

燃气管道分类　　表17-1

分类依据	内　容
用途	按用途分为以下几种管道: (1)长距离输气管道:其干管及支管的末端连接城市或大型工业企业,作为供应区的气源点 (2)城市燃气管道 1)分配管道:在供气地区将燃气分配给工业企业用户、公共建筑用户和居民用户。分配管道包括街区的和庭院的分配管道 2)用户引入管:将燃气从分配管道引到用户室内管道引入口处的总阀门 3)室内燃气管道:通过用户管道引入口的总阀门将燃气引向室内,并分配到每个燃气用具 (3)工业企业燃气管道 1)工厂引入管和厂区燃气管道:将燃气从城市燃气管道引入工厂,分送到各用气车间 2)车间燃气管道:从车间的管道引入口将燃气送到车间内各个用气设备。车间燃气管道包括干管和支管 3)炉前燃气管道:从支管将燃气分送给炉上各个燃烧设备
敷设方式	按用途分为以下几种: (1)地下燃气管道:一般在城市中常采用地下敷设 (2)架空燃气管道:在管道通过障碍时,或在工厂区为了管理维修方便,采用架空敷设

2. 燃气工程图的组成

完整的燃气工程施工图由目录、设计说明、主要材料和设计图样组成。

(1) 目录对设计说明、表格、图样进行编号且按顺序排录。

(2) 设计说明包括工程概况；设备型号和质量；管材管件及附件的材质、规格和质量，基本设计数据；安装要求及质量检查等。

(3) 主要材料表列表说明主要材料、设备的名称、型号、规格和数量。

(4) 设计图样利用已有建筑图表述建筑燃气平面图。(根据平面图绘制燃气管道的轴测图又称系统图)。对设备安装和对管道穿越建筑的特殊部位由平面图、轴测图和设计说明难以描述清楚的，应有详图描述。

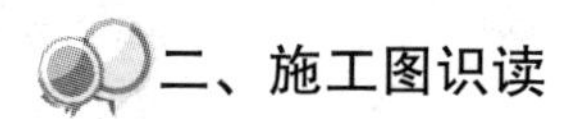

二、施工图识读

图 17-1 是某住宅小区燃气室外管道平面图（部分）一，从图中可以看出，在小区西北部有一小区调压站，从调压站引出的管道外皮直径是 160mm，在拐弯处设一 *de*160×90°电熔弯头，然后通过引入管与室内燃气系统相连接。室外主干管的外皮直径是 63mm，坡度为 0.005，由干管引出走向室内的管道外皮直径是 32mm，坡度是 0.01。同时在拐弯处有一 *de*63/32 电熔变径三通。

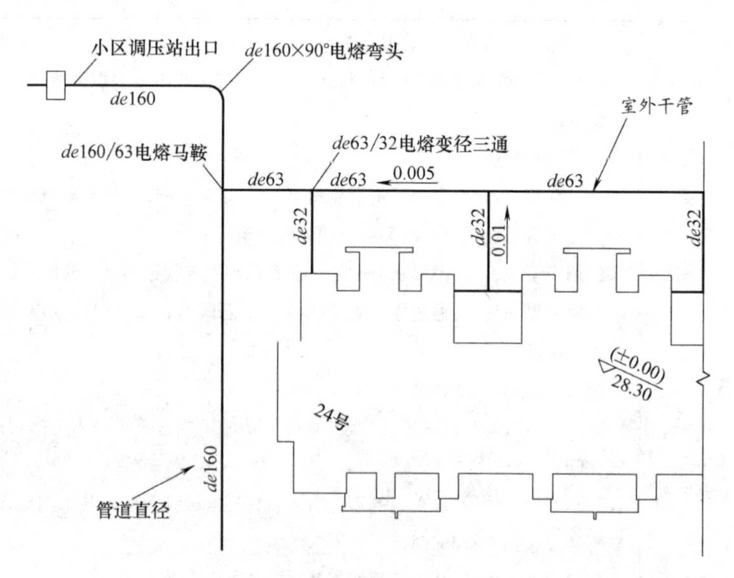

图 17-1　某住宅小区室外管道平面图（部分）一

图 17-2 是某住宅小区燃气室外管道平面图（部分）二，从图中可以看出，接着图 17-1 部分图纸，室外主干管的外皮直径仍是 63mm，坡度为 0.005，由干管引出走向室内的管道外皮直径是 32mm，坡度是 0.01。干管中间有一 *de*63/32

的电熔变径三通，拐弯处设有 $de63 \times 90^{\circ}$电熔弯头。具体情况图纸中已详细给出。

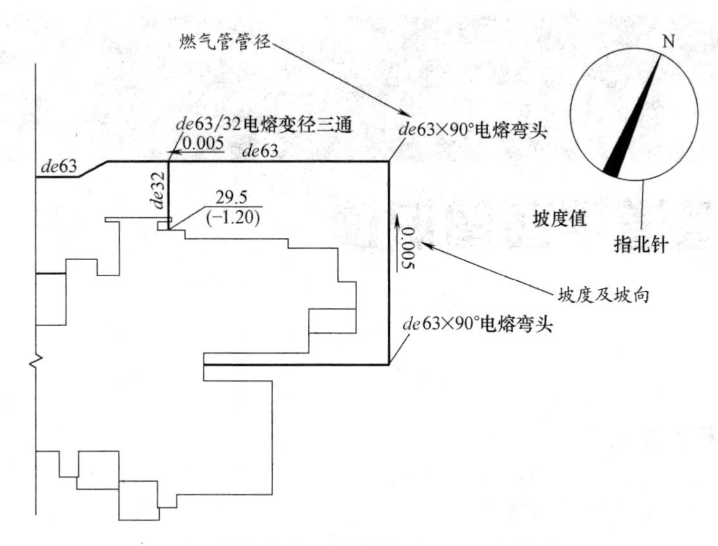

图 17-2　某住宅小区室外管道平面图（部分）二

第18小时

室内管道平面图识读

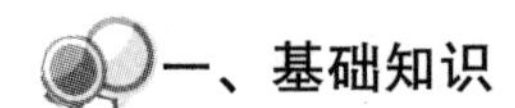

一、基础知识

1. 建筑燃气设备图识读

燃气管道施工图的看图方法，一般应遵循从整体到局部，从大到小、从粗到细的原则，同时要将图样与文字对照看，看图过程是一个从平面到空间的过程，必须利用投影还原的方法，再现图纸上各种线条、符号所代表的管路、附件、器具、设备的空间位置及管路走向。

识读燃气工程图时，先检查图样的张数够不够，即有多少张图，再按目录进行清点，然后进行识读。识读应按目录→设计说明→主要材料表→图样的顺序进行。

2. 识读应掌握的内容

(1) 目录识读应掌握图样的张数和图样的名称。

(2) 设计说明识读应掌握设计者的意图，如设计参数、资料以及对工程的要求。特别对主要设备、主要材料、施工方法、施工质量进行全面掌握。

(3) 主要材料表识读应掌握主要材料、设备的材质、型号、规格和数量，对它们的用途也应掌握。

(4) 图样应掌握图的数量、各图之间的关系，在各图样中重点掌握管道的走向、尺寸、管材并与建筑的空间位置关系。掌握各种设备的型号、数量、平面及空间的位置，最后掌握各种管道与设备的连接关系。识图时不管是平面图还是轴测图，按流向识读，即燃气进户管→立管→支管→燃气表→连接燃气用具的立管和支管，也就是从大管径到小管径的方向识读。

二、施工图识读

图 18-1 为某住宅楼某单元的标准层室内燃气管道平面图，从图中可以看出，该单元有两套房间，分为两个燃气系统，两个系统不完全对称。左侧系统的燃气引入管从北侧穿墙进入阳台，燃气管道沿墙布置进入厨房，在厨房的东北角与立管相连接，立管与每层的水平干管连接，干管的末端安装燃气表，从燃气表出来的用户支管沿北墙布置为厨房双眼灶供气。右侧系统的燃气引入管从东侧穿墙进入厨房，立管与每层的水平干管连接，干管的末端安装燃气表，从燃气表出来的用户支管沿墙布置为厨房双眼灶供气。其具体尺寸图中已给出。

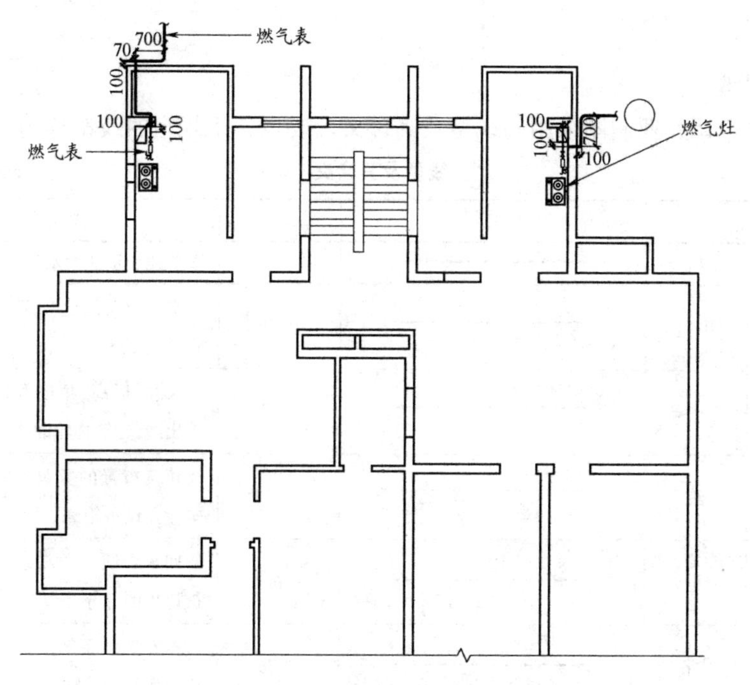

图 18-1　室内管道平面图识读

附录A

暖通空调制图标准

1. 线型

暖通空调专业制图采用的线型及其含义，按表 A-1 规定的线型选用。

线型及其含义 **表 A-1**

名称		线型	线宽	一般用途
实线	粗	粗实线	b	单线表示的供水管线
	中粗	中粗实线	0.7b	本专业设备轮廓、双线表示的管道轮廓
	中	中实线	0.5b	尺寸、标高、角度等标注线及引出线；建筑物轮廓
	细	细实线	0.25b	建筑布置的家具、绿化等；非本专业设备轮廓
虚线	粗	粗虚线	b	回水管线及单根表示的管道被遮挡的部分
	中粗	中粗虚线	0.7b	本专业设备及双线表示的管道被遮挡的轮廓
	中	中虚线	0.5b	地下管沟、改造前风管的轮廓线；示意性连线
	细	细虚线	0.25b	非本专业虚线表示的设备轮廓等
波浪线	中	中波浪线	0.5b	单线表示的软管
	细	细波浪线	0.25b	断开界线

续表

名称	线型	线宽	一般用途
单点长画线	——·————·——	0.25b	轴线、中心线
双点长画线	——··————··——	0.25b	假想或工艺设备轮廓线
折断线	——————∧∨——————	0.25b	断开界线

2. 水、汽管道

(1) 水、汽管道可用线型区分，也可用代号区分。水、汽管道代号应符合表A-2的规定。

水、汽管道代号 **表 A-2**

序号	代号	管道名称	备注
1	RG	采暖热水供水管	可附加1、2、3等表示一个代号、不同参数的多种管道
2	RH	采暖热水回水管	可通过实线、虚线表示供、回关系省略字母G、H
3	LG	空调冷水供水管	—
4	LH	空调冷水回水管	—
5	KRG	空调热水供水管	—
6	KRH	空调热水回水管	—
7	LRG	空调冷、热水供水管	—
8	LRH	空调冷、热水回水管	—
9	LQG	冷却水供水管	—
10	LQH	冷却水回水管	—
11	n	空调冷凝水管	—
12	PZ	膨胀水管	—
13	BS	补水管	—
14	X	循环管	—
15	LM	冷媒管	—
16	YG	乙二醇供水管	—
17	YH	乙二醇回水管	—

续表

序号	代号	管道名称	备注
18	BG	冰水供水管	—
19	BH	冰水回水管	—
20	ZG	过热蒸汽管	—
21	ZB	饱和蒸汽管	可附加1、2、3等表示一个代号、不同参数的多种管道
22	Z2	二次蒸汽管	—
23	N	凝结水管	—
24	J	给水管	—
25	SR	软化水管	—
26	CY	除氧水管	—
27	GG	锅炉进水管	—
28	JY	加药管	—
29	YS	盐溶液管	—
30	XI	连续排污管	—
31	XD	定期排污管	—
32	XS	泄水管	—
33	YS	溢水(油)管	—
34	R_1G	一次热水供水管	—
35	R_1H	一次热水回水管	—
36	F	放空管	—
37	FAQ	安全阀放空管	—
38	O1	些油供油管	—
39	O2	柴油回油管	—
40	OZ1	重油供油管	—
41	OZ2	重油回油管	—
42	OP	排油管	—

（2）水、汽管道阀门和附件的图例应符合表 A-3 的规定。

水、汽管道阀门和附件图例 **表 A-3**

序号	名　称	图　例	备　注
1	截止阀		—

续表

序号	名称	图例	备注
2	闸阀		—
3	球阀		—
4	柱塞阀		—
5	快开阀		—
6	蝶阀		
7	旋塞阀		—
8	止回阀		
9	浮球阀		—
10	三通阀		—
11	平衡阀		—
12	定流量阀		—
13	定压差阀		—
14	自动排气阀		—

续表

序号	名称	图例	备注
15	集气罐、放气阀		—
16	节流阀		—
17	调节止回关断阀		水泵出口用
18	膨胀阀		—
19	排入大气或室外		—
20	安全阀		—
21	角阀		—
22	底阀		—
23	漏斗		—
24	地漏		—
25	明沟排水		—
26	向上弯头		—
27	向下弯头		—

续表

序号	名　称	图　例	备　注
28	法兰封头或管封		—
29	上出三通		—
30	下出三通		—
31	变径管		—
32	活接头或法兰连接		—
33	固定支架		—
34	导向支架		—
35	活动支架		—
36	金属软管		—
37	可屈挠橡胶软接头		—
38	Y形过滤器		—
39	疏水器		—
40	减压阀		左高右低

续表

序号	名 称	图 例	备 注
41	直通型(或反冲型)除污器	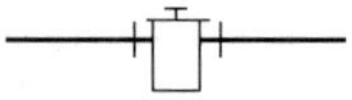	—
42	除垢仪	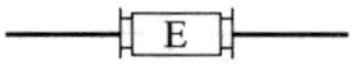 E	—
43	补偿器		—
44	矩形补偿器		—
45	套管补偿器		—
46	波纹管补偿器	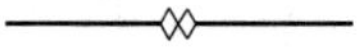	—
47	弧形补偿器		—
48	球形补偿器		—
49	伴热管		—
50	保护套管	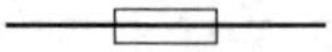	—
51	爆破膜		—
52	阻火器		—
53	节流孔板、减压孔板	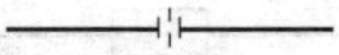	—

续表

序号	名　称	图　例	备　注
54	快速接头		—
55	介质流向	→ 或 ⟹	在管道断开处时，流向符号宜标注在管道中心线上，其余可同管径标注位置
56	坡度及坡向	i=0.003 → 或 → i=0.003	坡度数值不宜与管道起、止点标高同时标注。标注位置同管径标注位置

3. 风道

（1）风道代号应符合表 A-4 的规定。

风道代号　　表 A-4

序号	代号	管道名称	备　注
1	SF	送风管	—
2	HF	回风管	一、二次回风可附加 1、2 区别
3	PF	排风管	—
4	XF	新风管	—
5	PY	消防排烟风管	—
6	ZY	加压送风管	—
7	P(Y)	排风排烟兼用风管	—
8	XB	消防补风风管	—
9	S(B)	送风兼消防补风风管	—

（2）风道、阀门及附件的图例应符合表 A-5 和表 A-6 的规定。

风道、阀门及附件图例　　表 A-5

序号	名　称	图　例	备　注
1	矩形风管	***×***	宽×高(mm)
2	圆形风管	ϕ***	ϕ直径(mm)

续表

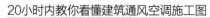

序号	名　称	图　　例	备　　注
3	风管向上		—
4	风管向下	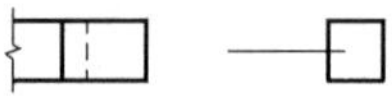	—
5	风管上升摇手弯	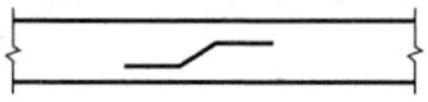	—
6	风管下降摇手弯	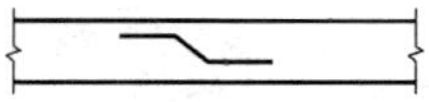	—
7	天圆地方	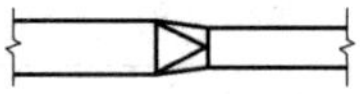	左接矩形风管，右接圆形风管
8	软风管		—
9	圆弧形弯头		—
10	带导流片的矩形弯头	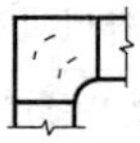	—
11	消声器		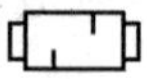
12	消声弯头		—
13	消声静压箱		—
14	风管软接头	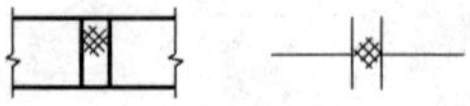	—

续表

序号	名 称	图 例	备 注
15	对开多叶调节风阀		—
16	蝶阀		—
17	插板阀		—
18	止回风阀		—
19	余压阀	DPV DPV	—
20	三通调节阀		—
21	防烟、防火阀	*** ***	＊＊＊表示防烟、防火阀名称代号，代号说明另见附录 A 防烟、防火阀功能表
22	方形风口		—
23	条缝形风口		—
24	矩形风口		—
25	圆形风口		—

续表

序号	名 称	图 例	备 注
26	侧面风口		—
27	防雨百叶		—
28	检修门	J　J	—
29	气流方向		左为通用表示法，中表示送风，右表示回风
30	远程手控盒	B	防排烟用
31	防雨罩		—

风口和附件代号　　表 A-6

序号	代号	图 例	备 注
1	AV	单层格栅风口，叶片垂直	—
2	AH	单层格栅风口，叶片水平	—
3	BV	双层格栅风口，前组叶片垂直	—
4	BH	双层格栅风口，前组叶片水平	—
5	C*	矩形散流器，* 为出风面数量	—
6	DF	圆形平面散流器	—
7	DS	圆形凸面散流器	—
8	DP	圆盘形散流器	—
9	DX*	圆形斜片散流器，* 为出风面数量	—
10	DH	圆环形散流器	—
11	E*	条缝形风口，* 为条缝数	—
12	F*	细叶形斜出风散流器，* 为出风面数量	—
13	FH	门铰形细叶回风口	—
14	G	扁叶形直出风散流器	—
15	H	百叶回风口	—

续表

序号	代号	图 例	备 注
16	HH	门铰形百叶回风口	—
17	J	喷口	—
18	SD	旋流风口	—
19	K	蛋格形风口	—
20	KH	门铰形蛋格式回风口	—
21	L	花板回风口	—
22	CB	自垂百叶	—
23	N	防结露送风口	冠于所用类型风口代号前
24	T	低温送风口	冠于所用类型风口代号前
25	W	防雨百叶	—
26	B	带风口风箱	—
27	D	带风阀	—
28	F	带过滤网	—

4. 调控装置及仪表

调控装置及仪表的图例应符合表 A-7 的规定。

调控装置及仪表图例 **表 A-7**

序号	名 称	图 例
1	温度传感器	T
2	湿度传感器	H
3	压力传感器	P
4	压差传感器	ΔP
5	流量传感器	F
6	烟感器	S

续表

序号	名　　称	图　　例
7	流量开关	FS
8	控制器	C
9	吸顶式温度感应器	T
10	温度计	
11	压力表	
12	流量计	F.M
13	能量计	E.M
14	弹簧执行机构	
15	重力执行机构	
16	记录仪	
17	电磁(双位)执行机构	
18	电动(双位)执行机构	
19	电动(调节)执行机构	

续表

序号	名　　称	图　　例
20	气动执行机构	
21	浮力执行机构	
22	数字输入量	DI
23	数字输出量	DO
24	模拟输入量	AI
25	模拟输出量	AO

注：各种执行机构可与风阀、水阀组合表示相应功能的控制阀门。

5. 暖通空调设备

暖通空调设备的图例应符合表 A-8 的规定。

暖通空调设备图例　　表 A-8

序号	名称	图　例	备　　注
1	散热器及手动放气阀	15　15　15	左为平面图画法，中为剖面图画法，右为系统图（Y轴侧）画法
2	散热器及温控阀	15　15	—
3	轴流风机		—
4	轴（混）流式管道风机		—
5	离心式管道风机		—

续表

序号	名称	图 例	备 注
6	吊顶式排气扇		—
7	水泵		—
8	手摇泵		—
9	变风量末端		—
10	空调机组加热、冷却盘管		从左到右分别为加热、冷却及双功能盘等
11	空气过滤器		从左至右分别为粗效、中效及高效
12	挡水板		—
13	加湿器		—
14	电加热器		—
15	板式换热器		—

续表

序号	名称	图 例	备 注
16	立式明装风机盘管		—
17	立式暗装风机盘管		—
18	卧式明装风机盘管		—
19	卧式暗装风机盘管		—
20	窗式空调器		—
21	分体空调器	室内机 室外机	—
22	射流诱导风机		—
23	减振器		左为平面图画法，右为剖面图画法

附录B

图样的画法

1. 一般规定

(1) 各工程、各阶段的设计图纸应满足相应的设计深度要求。

(2) 本专业设计图纸编号应独立。

(3) 在同一套工程设计图纸中，图样线宽组、图例、符号等应一致。

(4) 在工程设计中，宜依次表示图纸目录、选用图集（纸）目录、设计施工说明、图例、设备及主要材料表、总图、工艺图、系统图、平面图、剖面图、详图等，如单独成图时，其图纸编号应按所述顺序排列。

(5) 图样需用的文字说明，宜以“注:”、“附注:”或“说明:”的形式在图纸右下方、标题栏的上方书写，并应用“1、2、3……”进行编号。

(6) 一张图幅内绘制平、剖面图等多种图样时，宜按平面图、剖面图、安装详图，从上至下、从左至右的顺序排列；当一张图幅绘有多层平面图时，宜按建

图 B-1 明细栏提示

筑层次由低至高，由下而上顺序排列。

(7) 图纸中的设备或部件不便用文字标注时，可进行编号。图样中仅标注编号时，其名称宜以“注：”、“附注：”或“说明：”表示。如需表明其型号（规格）、性能等内容时，宜用“明细表”表示，如图 B-1 所示。

(8) 初步设计和施工图设计的设备表应至少包括序号（或编号）、设备名称、技术要求、数量、备注栏；材料表应至少包括序号（或编号）、材料名称、规格或物理性能、数量、单位、备注栏。

2. 管道系统图、原理图

(1) 管道系统图应能确认管径、标高及末端设备，可按系统编号分别绘制。

(2) 管道系统图采用轴测投影法绘制时，宜采用与相应的平面图一致的比例，按正等轴测或正面斜二轴测的投影规则绘制，可按现行国家标准《房屋建筑制图统一标准》GB/T 50001 绘制。

(3) 在不致引起误解时，管道系统图可不按轴测投影法绘制。

(4) 管道系统图的基本要素应与平、剖面图相对应。

(5) 水、汽管道及通风、空调管道系统图均可用单线绘制。

(6) 系统图中的管线重叠、密集处，可采用断开画法。断开处宜以相同的小写拉丁字母表示，也可用细虚线连接。

(7) 室外管网工程设计宜绘制管网总平面图和管网纵剖面图。

(8) 原理图可不按比例和投影规则绘制。

(9) 原理图基本要素应与平面图、剖视图及管道系统图相对应。

3. 管道和设备布置平面图、剖面图及详图

(1) 管道和设备布置平面图、剖面图应以直接正投影法绘制。

(2) 用于暖通空调系统设计的建筑平面图、剖面图，应用细实线绘出建筑轮廓线和与暖通空调系统有关的门、窗、梁、柱、平台等建筑构配件，并应标明相应定位轴线编号、房间名称、平面标高。

(3) 管道和设备布置平面图应按假想除去上层板后俯视规则绘制，其相应的垂直剖面图应在平面图中标明剖切符号，如图 B-2 所示。

(4) 剖视的剖切符号应由剖切位置线、投射方向线及编号组成，剖切位置线和投射方向线均应以粗实线绘制。剖切位置线的长度宜为 6～10mm；投射方向线长度应短于剖切位置线，宜为 4～6mm；剖切位置线和投射方向线不应与其他图线相接触；编号宜用阿拉伯数字，并宜标在投射方向线的端部；转折的剖切位置线，宜在转角的外顶角处加注相应编号。

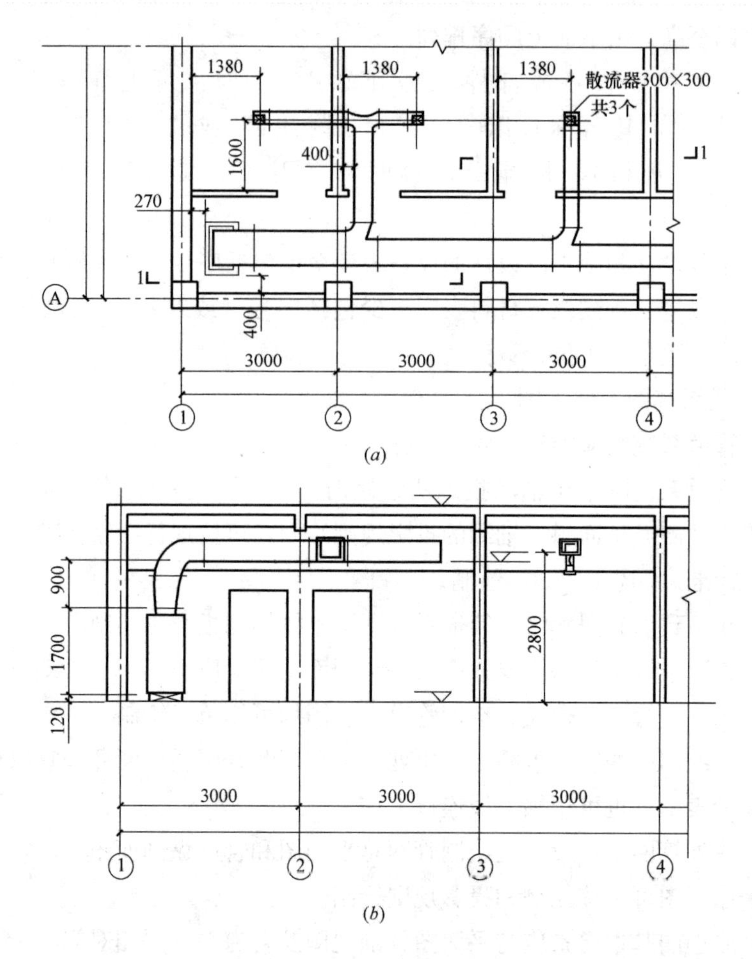

图 B-2　平、剖面示例

(*a*) 标准层平面图；(*b*) 1-1 剖面图

(5) 断面的剖切符号应用剖切位置线和编号表示。剖切位置线宜为长度 6～10mm 的粗实线；编号可用阿拉伯数字、罗马数字或小写拉丁字母，标在剖切位置线的一侧，并应表示投射方向。

(6) 平面图上应标注设备、管道定位（中心、外轮廓）线与建筑定位（轴线、墙边、柱边、柱中）线间的关系；剖面图上应注出设备、管道（中、底或顶）标高。必要时，还应注出距该层楼（地）板面的距离。

(7) 剖面图，应在平面图上选择反映系统全貌的部位垂直剖切后绘制。当剖切的投射方向为向下和向右，且不致引起误解时，可省略剖切方向线。

(8) 建筑平面图采用分区绘制时，暖通空调专业平面图也可分区绘制。但分区部位应与建筑平面图一致，并应绘制分区组合示意图。

(9) 除方案设计、初步设计及精装修设计外，平面图、剖面图中的水、汽管道可用单线绘制，风管不宜用单线绘制。

(10) 平面图、剖面图中的局部需另绘详图时，应在平、剖面图上标注索引符号。索引符号的画法，如图 B-3 所示。

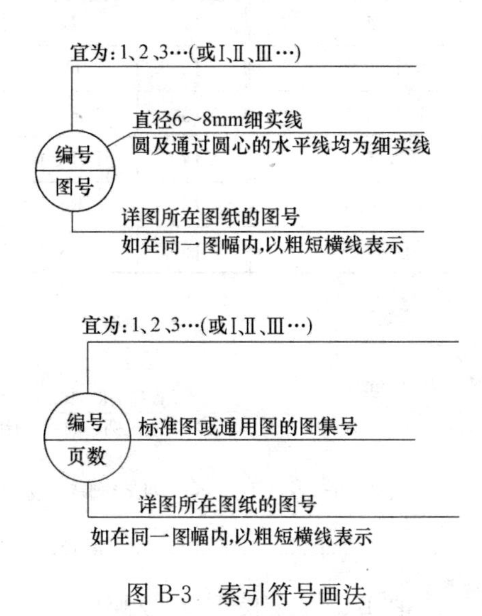

图 B-3 索引符号画法

(11) 当表示局部位置的相互关系时，在平面图上应标注内视符号，如图B-4所示。

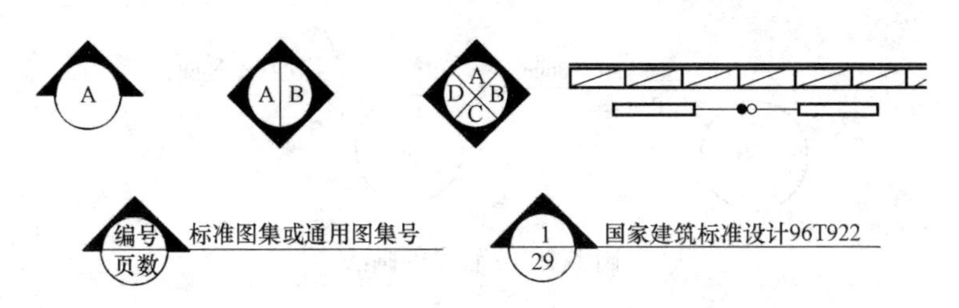

图 B-4 内视符号画法

4. 系统编号

(1) 一个工程设计中同时有供暖、通风、空调等两个及以上的不同系统时，应进行系统编号。

(2) 暖通空调系统编号、入口编号，应由系统代号和顺序号组成。

(3) 系统代号用大写拉丁字母表示，见表 B-1，顺序号用阿拉伯数字表示，如图 B-5 (*a*) 所示。当一个系统出现分支时，可采用图 B-5 (*b*) 的画法。

系统代号 表 B-1

序号	字母代号	系统名称	序号	字母代号	系统名称
1	N	(室内)供暖系统	9	H	回风系统
2	L	制冷系统	10	P	排风系统
3	R	热力系统	11	XP	新风换气系统
4	K	空调系统	12	JY	加压送风系统
5	J	净化系统	13	PY	排烟系统
6	C	除尘系统	14	P(PY)	排风兼排烟系统
7	S	送风系统	15	RS	人防送风系统
8	X	新风系统	16	PR	人防排风系统

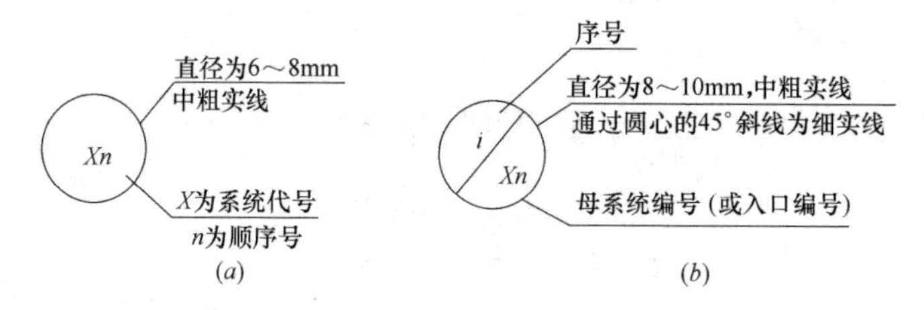

图 B-5 系统代号、编号画法

(4) 系统编号宜标注在系统总管处。

(5) 竖向布置的垂直管道系统，应标注立管号，如图 B-6 所示。在不致引起误解时，可只标注序号，但应与建筑轴线编号有明显区别。

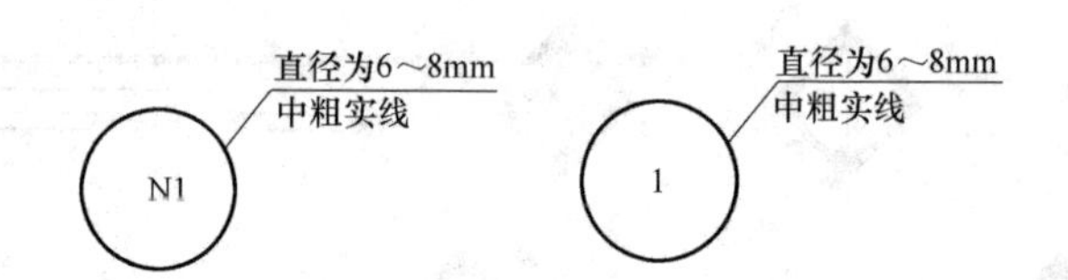

图 B-6 立管号的画法

5. 管道转向、分支、重叠及密集处的画法

(1) 单线管道转向的画法，如图 B-7 所示。

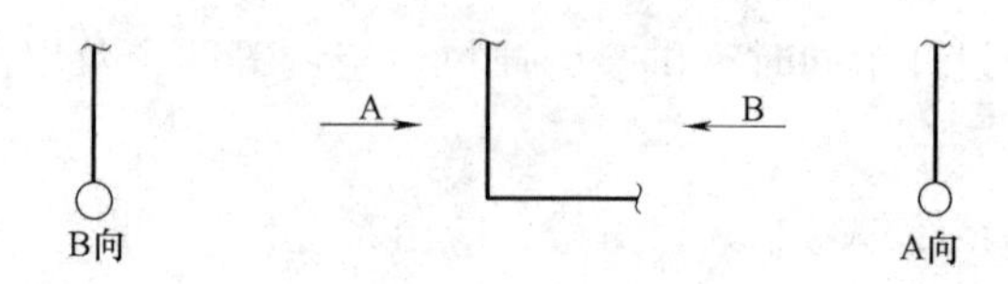

图 B-7 单线管道转向的画法

（2）双线管道转向的画法，如图 B-8 所示。

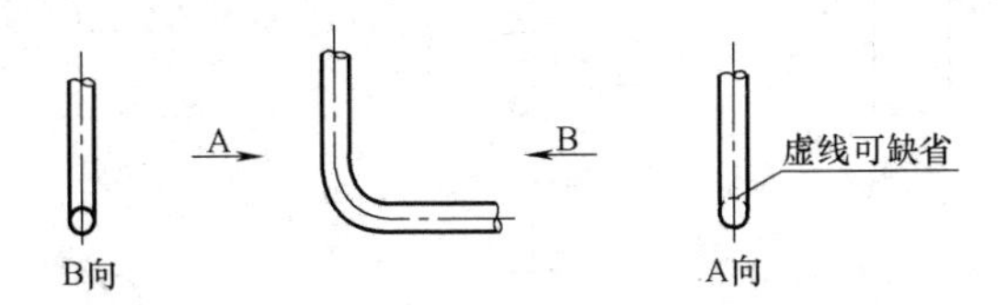

图 B-8　双线管道转向的画法

（3）单线管道分支的画法，如图 B-9 所示。

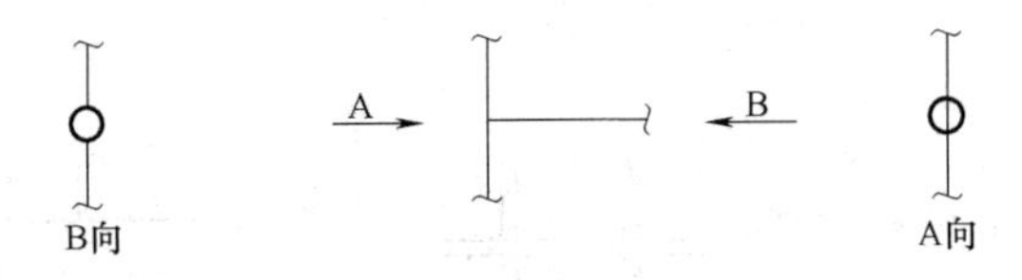

图 B-9　单线管道分支的画法

（4）双线管道分支的画法，如图 B-10 所示。

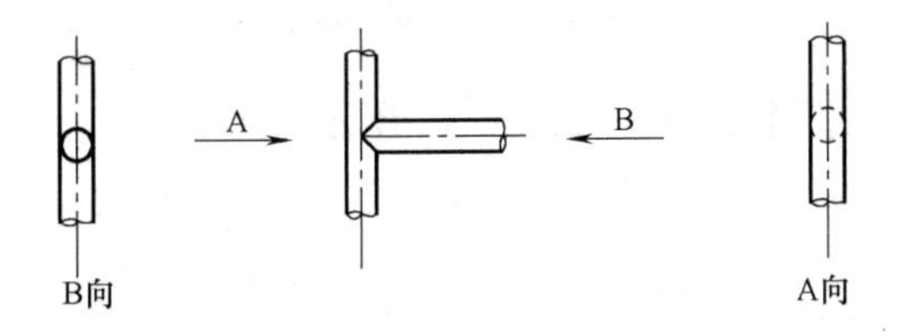

图 B-10　双线管道分支的画法

（5）送风管转向的画法，如图 B-11 所示。

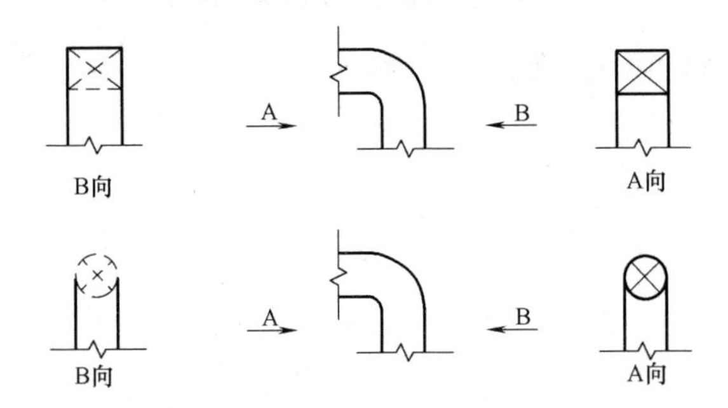

图 B-11　送风管转向的画法

（6）回风管转向的画法，如图 B-12 所示。

（7）平面图、剖视图中管道因重叠、密集需断开时，应采用断开画法，如图 B-13 所示。

（8）管道在本图中断，转至其他图面表示（或由其他图面引来）时，应注明

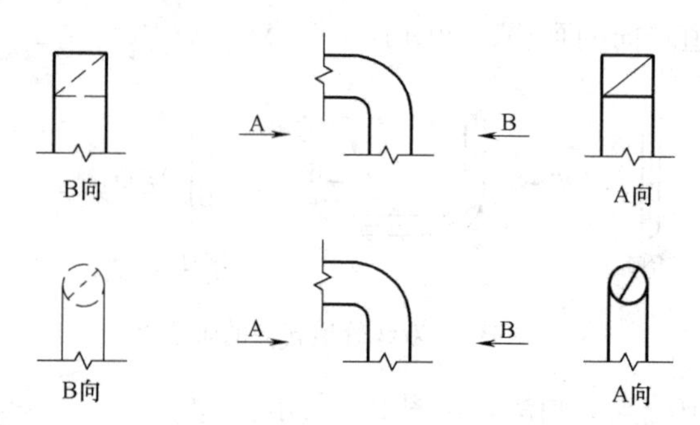

图 B-12　回风管转向的画法

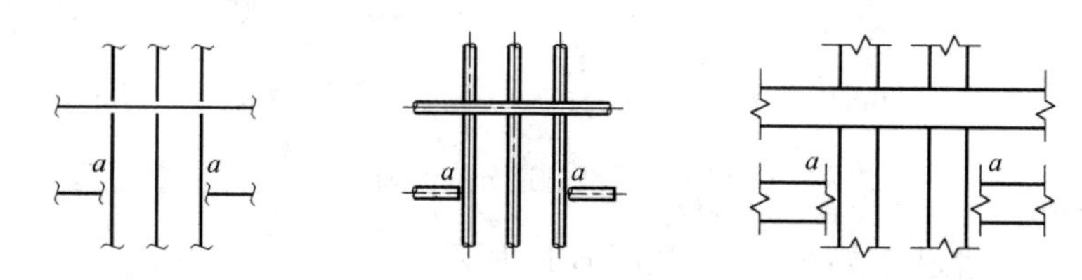

图 B-13　管道断开的画法

转至（或来自的）的图纸编号，如图 B-14 所示。

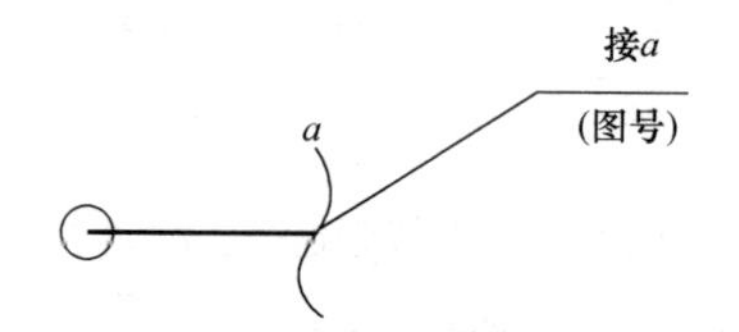

图 B-14　管道在本图中断的画法

(9) 管道交叉的画法，如图 B-15 所示。

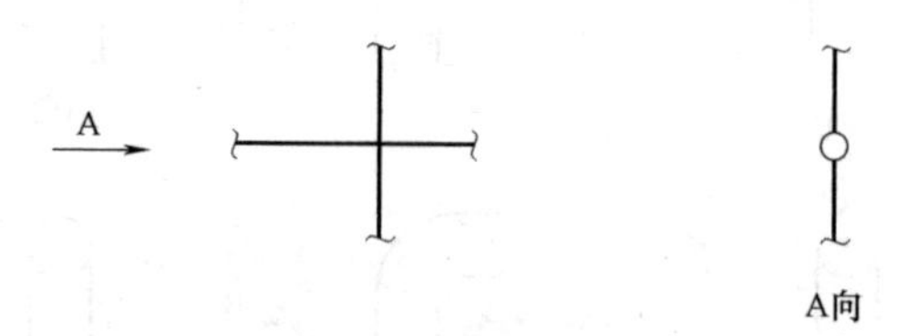

图 B-15　管道交叉的画法

(10) 管道跨越的画法，如图 B-16 所示。

6. 管道标高、管径（压力）、尺寸标注

(1) 在无法标注垂直尺寸的图样中，应标注标高。标高应以米（m）为单位，并应精确到厘米（cm）或毫米（mm）。

(2) 标高符号应以直角等腰三角形表示。当标准层较多时，可只标注与本层

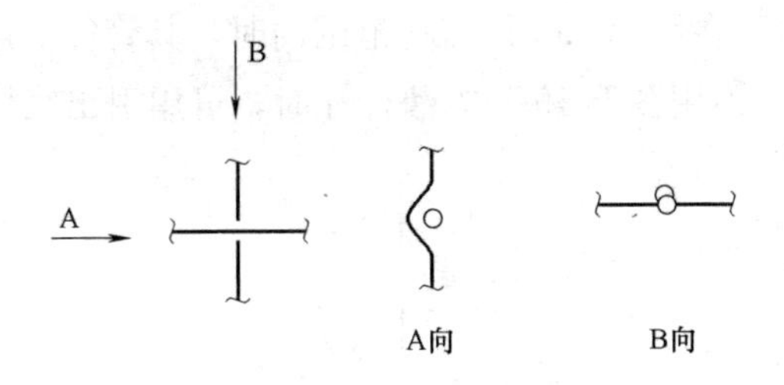

图 B-16 管道跨越的画法

楼（地）板面的相对标高，如图 B-17 所示。

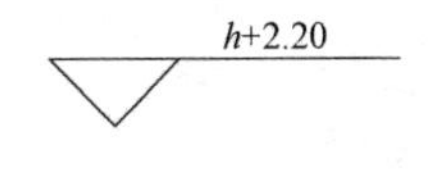

图 B-17 相对标高的画法

(3) 水、汽管道所注标高未予说明时，应表示为管中心标高。

(4) 水、汽管道标注管外底或顶标高时，应在数字前加“底”或“顶”字样。

(5) 矩形风管所注标高应表示管底标高；圆形风管所注标高应表示管中心标高。当不采用此方法标注时，应进行说明。

(6) 低压流体输送用焊接管道规格应标注公称通径或压力。公称通径的标记应由字母“*DN*”后跟一个以毫米表示的数值组成；公称压力的代号应为“*PN*”。

(7) 输送流体用无缝钢管、螺旋缝或直缝焊接钢管、铜管、不锈钢管，当需要注明外径和壁厚时，应用“*D*（或 ϕ）外径×壁厚”表示。在不致引起误解时，也可采用公称通径表示。

(8) 塑料管外径应用“*d*e”表示。

(9) 圆形风管的截面定型尺寸应以直径“ϕ”表示，单位应为 mm。

(10) 矩形风管（风道）的截面定型尺寸应以“*A*×*B*”表示。“*A*”应为该视图投影面的边长尺寸，“B”应为另一边尺寸。A、B 单位均应为 mm。

(11) 平面图中无坡度要求的管道标高可标注在管道截面尺寸后的括号内。必要时，应在标高数字前加“底”或“顶”的字样。

(12) 水平管道的规格宜标注在管道的上方；竖向管道的规格宜标注在管道的左侧。双线表示的管道，其规格可标注在管道轮廓线内，如图 B-18 所示。

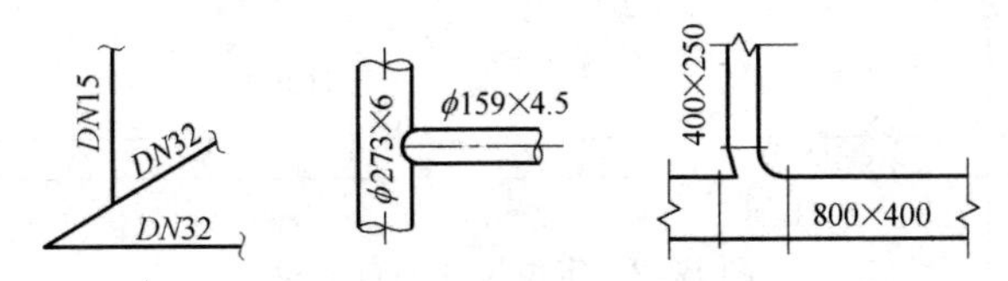

图 B-18 管道截面尺寸的画法

（13）当斜管道不在图 B-19 所示 30°范围内时，其管径（压力）、尺寸应平行标在管道的斜上方。不用图 B-19 的方法标注时，可用引出线标注。

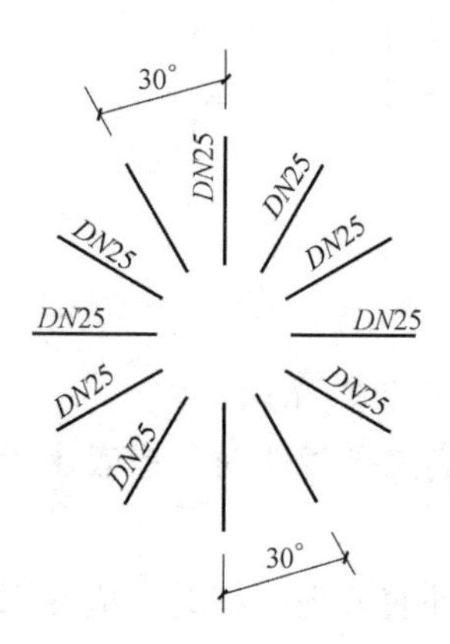

图 B-19　管径（压力）的标注位置示例

（14）多条管线的规格标注方法，如图 B-20 所示。

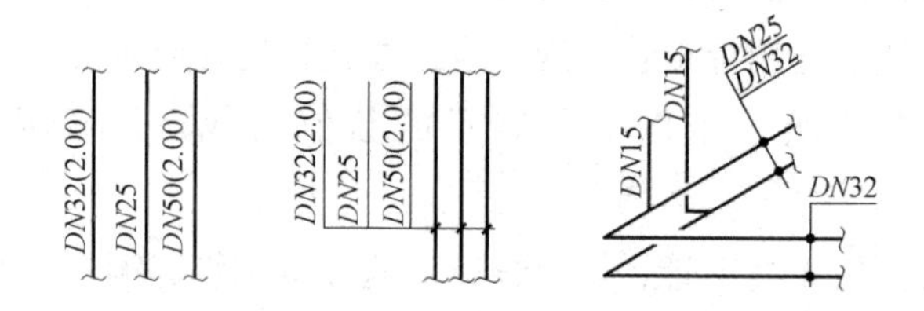

图 B-20　多条管线规格的画法

（15）风口表示方法，如图 B-21 所示。

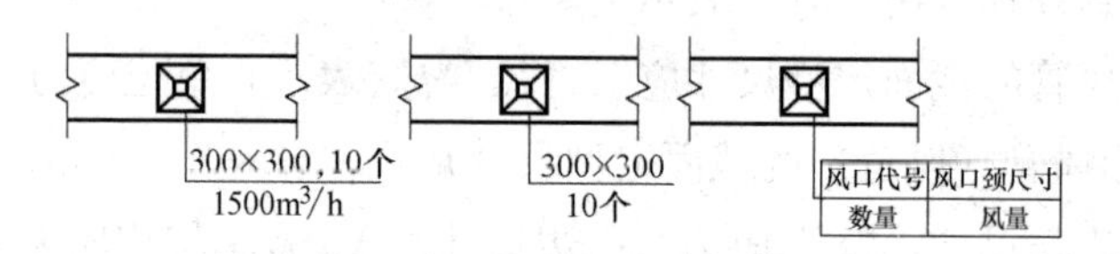

图 B-21　风口、散流器的表示方法

（16）图样中尺寸标注应按现行国家标准的有关规定执行。

（17）平面图、剖面图上如需标注连续排列的设备或管道的定位尺寸和标高时，应至少有一个误差自由段，如图 B-22 所示。

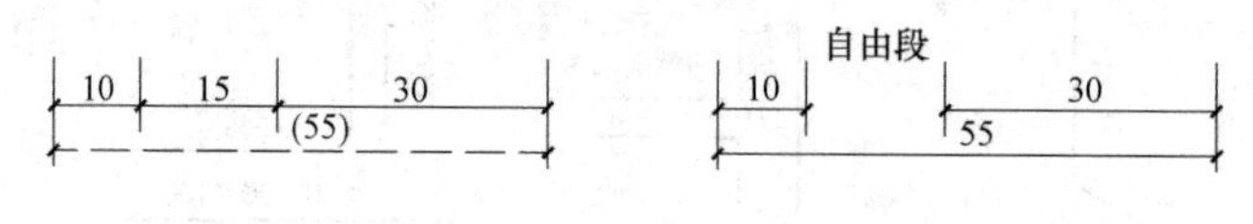

图 B-22　定位尺寸的自由段

（18）挂墙安装的散热器应说明安装高度。

（19）设备加工（制造）图的尺寸标注应按现行国家标准《机械制图尺寸注法》GB 4458.4 的有关规定执行。焊缝应按现行国家标准《技术制图　焊缝符号的尺寸、比例及简化表示法》GB 12212 的有关规定执行。

参 考 文 献

[1] 谭伟建，王芳. 建筑设备工程图识读与绘制 [M]. 北京：机械工业出版社，2004.

[2] 赵荣义等. 空气调节 [M]. 北京：中国建筑工业出版社，2009.

[3] 于国清. 建筑设备工程 CAD 制图与识图 [M]. 北京：机械工业出版社，2009.

[4] 高明远，岳秀萍. 建筑设备工程 [M]. 北京：中国建筑工业出版社，2008.

[5] 吴味隆等. 锅炉及锅炉房设备 [M]. 北京：中国建筑工业出版社，2006.